Wo dampft es noch?

H
60

Christoph Riedel
Markus Inderst

Wo dampft es noch?

Reiseziele für Dampflok-Freunde in Deutschland, Österreich und der Schweiz

GeraMond

▶ Impressum

Verantwortlich: Lothar Reiserer
Layout: Nina Andritzky
Satz: Silke Schüler
Repro: Cromika, Verona
Einbandgestaltung: Ralph Hellberg
Herstellung: Anna Katavic
Printed in Italy by Printer Trento

★★★★★

Sind Sie mit diesem Titel zufrieden? Dann würden wir uns über Ihre Weiterempfehlung freuen.
Erzählen Sie es im Freundeskreis, berichten Sie Ihrem Buchhändler, oder bewerten Sie bei Ihrem nächsten Onlinekauf. Und wenn Sie Kritik, Korrekturen Aktualisierungen haben, freuen wir uns über Ihre Nachricht an GeraMond Verlag, Postfach 40 02 09, D-80702 München oder per E-Mail an lektorat@verlagshaus.de.

Unser komplettes Programm finden Sie unter www.geramond.de

Alle Angaben dieses Werkes wurden vom Autor sorgfältig recherchiert und auf den aktuellen Stand gebracht sowie vom Verlag geprüft. Für die Richtigkeit der Angaben kann jedoch keine Haftung übernommen werden.

Die Deutsche Nationalbibliothek verzeichnet diese Publikation in der Deutschen Nationalbibliografie; detaillierte bibliografische Daten sind im Internet über http://dnb.d-nb.de abrufbar.

ISBN 978-3-86245-748-9

Inhalt

52 7596

Vorwort

Am 26. Oktober 1977 endete im Raum Emden bei der Deutschen Bundesbahn der planmäßige Fahrbetrieb mit Dampflokomotiven, um Mitternacht desselben Tages erging ein mehrjähriges Verbot, mit Dampflokomotiven auf DB-Gleisen zu verkehren. Bei der Reichsbahn der DDR dagegen erlebte die Dampftraktion wegen des stark gestiegenen Ölpreises Anfang der 1980er-Jahre sogar eine Renaissance. Der letzte Dampfzug auf Reichsbahngleisen verkehrte am 29. Oktober 1988 zwischen Halberstadt, Magdeburg und Thale. Seit dieser Zeit hat sich die Welt der Eisenbahn grundlegend gewandelt. Vielleicht sind es gerade die moderne Nüchternheit und Sachlichkeit des heutigen Bahnbetriebs, die das Interesse an der antiquierten Dampftraktion bei den Älteren wach halten und bei jüngeren Menschen, die selbst die Dampflokzeit nicht mehr erlebt haben, wecken kann.

Vor diesem Hintergrund ist vielleicht erklärbar, warum allein nach der Jahrtausendwende in Deutschland auf 16 neuen Strecken musealer Bahnbetrieb mit Dampflokomotiven eröffnet werden konnte. Heute (Stand: 2016) kann man in Deutschland auf über 60 Linien Fahrbetrieb mit Museumsdampflokomotiven erleben – Sonderfahrten nicht einmal eingerechnet –, in manchen Fällen allerdings im Mischbetrieb mit Diesel- oder gelegentlich auch Elektrofahrzeugen. Teils verkehren die Züge auf nicht mehr benötigten Zweigstrecken, aber ebenso auf ansonsten mit Regelfahrzeugen im Planbetrieb bedienten Linien. Während manche regelmäßig wiederkehrende Betriebstage kennen, werden auf anderen Strecken nur an einigen wenigen Tagen im Jahr Dampflokomotiven eingesetzt. Dieses Buch versteht sich als Handreichung für Dampflokfreunde, die sich einen Überblick über den Fahrbetrieb mit Dampflokomotiven verschaffen möchten. Es vermag in vielen Fällen aber keine genauen Angaben über die Einsatztage zu machen, da die Betriebstage von Jahr zu Jahr wechseln können. **Hinweise auf Einsatztage des laufenden Jahres kann sich der Leser über die Internetseiten der Anbieter beschaffen, deren Adresse jeweils unter dem betreffenden Beitrag abgedruckt ist.**

Einfacher sind solche Informationen über die neun Bahnstrecken zu beschaffen, die auch heute noch planmäßigen Verkehr mit Dampflokomotiven aufweisen. Ihre Fahrpläne können den Kursbuchtabellen der DB AG entnommen werden, nützliche Hinweise wird der Leser zudem in diesem Buch finden.

Die Schweiz hat ihr Streckennetz aufgrund der topografischen Verhältnisse und der Alpenstrecken sehr frühzeitig auf E-Traktion umgestellt, sodass der Dampflokverkehr eine weitaus geringere Bedeutung erlangte als in Deutschland und in Österreich. In der Eidgenossenschaft endete der planmäßige Dampflokbetrieb am 28. Mai 1960 mit der Umstellung der Wehntalbahn auf den elektrischen Betrieb sowie auf der Gotthard-Zweigstrecke Cadenazzo – Luino am 11. Juni 1960 im Grenzgebiet Schweiz/Italien im Tessin. Trotz alledem sind zahlreiche Exponate der Nachwelt erhalten geblieben, die sowohl auf dem Netz der Schweizerischen Bundesbahnen als auch auf den Privat- und Schmalspurbahnen verkehren.

In Österreich wurden die Hauptstrecken mit fortschreitender Elektrifizierung bereits in den 1960er-Jahren von Rauch, Ruß und Qualm befreit, auf den zahlreichen Nebenstrecken – insbesondere im Wein- und Waldviertel – war dieser noch bis in die zweite Hälfte der 1970er-Jahre anzutreffen. Einzelne Normalspurdampflokomotiven verblieben als Ersatz für ausfallende Dieselloks noch bis 1982 im Betriebsstand. Der Dampfbetrieb auf den schmalspurigen Strecken ist bis in das neue Jahrtausend erhalten geblieben. Das Schmalspurnetz im Waldviertel wurde noch lange Zeit aus touristischen Gesichtspunkten mit Dampf betrieben, dagegen wurden zur Verbesserung der Ertragssituation bei den hochalpinen Ausflugsbahnen wie der Schafberg- und der Schneebergbahn modernere Betriebsformen angedacht und mittels Dieseltriebwagen und Pseudo-Dampflokomotiven realisiert. Die Dampflokomotiven aus der Gründerzeit werden nur mehr zu besonderen Anlässen oder sporadisch nach einem vorgegebenen Fahrplan in Verkehr gesetzt. Auch wenn weitere Schmalspurbahnen aus vorderdringlich touristischen Gründen auf Dampfsonderfahrten setzen, so entstanden doch vielerorts Aktivitäten, die auf den Abschied vom Dampf reagierten. Österreich verfügt um die 20 dampfbetriebene Museumsbahnen, die Eidgenossenschaft bringt es auf zehn.

Aus Platzgründen können in diesem Taschenbuch leider nicht alle in Deutschland, der Schweiz und Österreich beheimateten Betriebe in Wort und Bild vorgestellt werden. Einen tabellarischen Überblick zu den Dampflokomitiven finden Sie für Betriebe, die mehr als eine Lok fahrbereit haben.

Dennoch hoffen wir, Ihnen, sehr verehrte Leser und Leserinnen, interessante sowie spannende Einblicke in die noch bestehenden Dampflokverkehre zu bieten und Ihnen dabei Ideen für Ausflüge und Reisen zu unterbreiten. Wir dürfen Ihnen abschließend nur mehr wunderschöne Momente bei der Mitfahrt in einem dieser Dampfzüge wünschen!

Christoph Riedel und Markus Inderst

Deutschland

01 ANGELNER DAMPFEISENBAHN

Eine Besonderheit unter den Museumseisenbahnen Deutschlands ist die Angelner Dampfeisenbahn. Auf der Strecke Süderbrarup–Kappeln an der Schlei verkehren fast ausschließlich ehemalige Fahrzeuge skandinavischer Eisenbahnverwaltungen.

Die 15 Kilometer lange normalspurige Eisenbahnstrecke führt in zwei großen Bögen von Süderbrarup an der Staatsbahnstrecke Kiel – Flensburg aus über Scheggerott und Faulück nach Kappeln an der Schlei. Sie wurde am 22. Dezember 1904 vom Kreis Schleswig als Verlängerung der von der Schleswig-Angelner Eisenbahn-Gesellschaft 1883 eröffneten Verbindung von Schleswig nach Süderbrarup in Betrieb genommen. Planmäßiger Personenverkehr mit Triebwagen wurde zwischen Schleswig und Kappeln noch bis zum 27. Mai 1972 durchgeführt. Der 1981 von der DB übernommene Güterverkehr endete im Jahr 2001. Danach wurde noch ein Betrieb in Kappeln bis Dezember 2003 durch die Angeln-Bahn GmbH bedient. Der Güterverkehr war derart defizitär, dass die Gesellschaft bald Insolvenz anmelden musste.

Weiterbetrieb als Museumsbahn

Heute verkehren auf dem Streckenabschnitt Kappeln – Süderbrarup ausschließlich die Museumszüge der Angelner Dampfeisenbahn. Bereits 1977 erwarb der Verein von den Dänischen Staatsbahnen eine Dampflokomotive (F 654), die von 1978 an 13 Jahre lang die Museumszüge bespannte. Der 1949 bei Frichs in Arhus gebaute Dreikuppler ist eine Nassdampflokomotive, die 250 PS leistet und eine Geschwindigkeit von 50 km/h erreicht. 1982 kam mit B 1266 eine Dampflokomotive der Schwedischen Staatsbahn dazu, die aber bereits 1990 wegen eines irreparablen Kesselschadens abgegeben werden musste. Glücklicherweise konnte im selben Jahr von der Kalmar Museumsvereinigung in Schweden eine weitere Dampflokomotive, die ehemalige Lok Nr. 1916 der Klasse S 1, erworben und nach Instandsetzung ein Jahr später eingesetzt werden. Es handelt sich um eine 1952 bei Nohab in Schweden gebaute Tenderlokomotive mit der Achsfolge 1´C 2´, die eine Leistung von 1000 PS und eine Höchstgeschwindigkeit von 80 km/h besitzt. Außerdem sind noch einige Dieselfahrzeuge vorhanden. Die Angelner Dampfeisenbahn fährt durchgängig von Mai bis September an Sonntagen, in der Hochsaison zusätz-

Die dänische F 654 durcheilt grüne Landschaft. Der Hersteller Frichs war lange der wichtigste Lieferant der Dänischen Staatsbahnen. Heute ist kein Zweig der Frichs-Gruppe mehr im Lokomotivbau tätig.

lich mittwochs. Dabei können mehrere Touren gewählt werden. Außer der „normalen“ Fahrt von Süderbrarup nach Kappeln und zurück oder umgekehrt besteht die Option einer sogenannten „Erlebnisrundreise“. Zunächst geht es mit dem Dampfzug von Kappeln nach Süderbrarup, wo in einen Bus umgestiegen wird, der die Fahrgäste nach Lindaunis bringt. Von dort fährt man mit dem Schiff zurück nach Kappeln an der Schlei. Diese Fahrt kann auch in umgekehrter Richtung von Süderbrarup aus in Richtung Kappeln durchgeführt werden. Daneben sind Fahrten möglich, auf denen das eigene Fahrrad mitgenommen werden kann, um die sonst mit dem Bus befahrene Strecke auf dem Fahrrad zurückzulegen. Für diese Fahrten hält die Angelner Dampfeisenbahn einen offenen Güterwagen vor, der dem Transport der Fahrräder dient.

www.angelner-dampfeisenbahn.de

02 GEESTHACHTER EISENBAHN

Zwar gehört die einzige erhalten gebliebene Lok der Bergedorf-Geesthachter Eisenbahn einem anderen Verein, originale Personenwagen werden aber auf einem Teil der ehemaligen Strecken im Museumsverkehr eingesetzt.

Drei Kleinbahnstrecken in normaler Spurweite betrieb die Bergedorf-Geesthachter-Eisenbahn AG im Raum Hamburg: die knapp 11 Kilometer lange Strecke Bergedorf Süd – Zollenspieker, die etwa 14 Kilometer lange Verbindung von Bergedorf über Bergedorf Süd nach Geesthacht und eine sechs Kilometer lange Anschlussbahn von Geesthacht zu einer Pulverfabrik in Krümmel, die im Personenverkehr aber nur von Werksangehörigen genutzt werden konnte. Später wurden von der Gesellschaft noch die Billwerder Industriebahn von Moorfleth nach Tiefstack und die sogenannte Hamburger Marschbahn von Düneberg über Zollenspieker Querweg nach Moorfleth befahren. Aktueller Museumsverkehr findet auf der längsten der drei ursprünglichen Strecken zwischen den Bahnhöfen Bergedorf Süd und Geesthacht sowie auf der Anschluss-

Schräg fällt winterliches Licht auf die 350, die hübsche „Karoline“. Ihr ursprünglich zugedachter Zweck war Rangierarbeit auf ausgedehnten Rangierbahnhöfen.

bahn nach Krümmel statt. Der Verkehr auf dieser Linie wurde zwischen Bergedorf und Geesthacht am 1. Mai 1907 aufgenommen. Nach anfänglich befriedigendem Verkehrsaufkommen gingen die Transportmengen in den 1920er-Jahren zurück, um während der Zeit des Nationalsozialismus dagegen stark zuzunehmen. Nach dem Zweiten Weltkrieg geriet die Gesellschaft wegen erneut rückläufiger Einnahmen in Schwierigkeiten, sodass der letzte Personenzug bereits am 26. Oktober 1953 zwischen Bergedorf und Geesthacht verkehrte. Der geringe Güterverkehr auf der Strecke wird seit 1956 durch die Altona-Kaltenkirchen-Neumünster Eisenbahn AG abgewickelt.

68 Jahre nach der Streckeneröffnung gründeten Eisenbahnfreunde die Arbeitsgemeineschaft Geesthachter Eisenbahn e.V. mit dem Ziel, u. a. mit Originalfahrzeugen der ehemaligen Bergedorf-Geesthachter Eisenbahn auf dem Streckenstück zwischen Bergedorf Süd und Geesthacht Museumsverkehr durchzuführen. Ehemalige Personenwagen, die an andere Privatbahnen veräußert worden waren, konnten zurückgekauft werden, die einzige erhaltene Dampflokomotive befindet sich allerdings im Besitz des Vereins Braunschweiger Eisenbahnfreunde. Ein Jahr nach der ersten Fahrt der Museumsbahn konnte im Jahr 1977 bereits mit Dampf gefahren werden, die erste eigene Dampflok wurde 1981 erworben, vier Jahre später kam eine zweite Maschine hinzu. Dabei handelt es sich zum einen um einen dänischen Vierkuppler, zum anderen um die 1918 bei Henschel in Kassel entstandene Lok Nr. 1 „Dornröschen", eine C-gekuppelte Maschine der ehemaligen Zeche Lothringen Graf Schwerin in Castrop-Rauxel bei Dortmund. Dritte im Bunde ist eine Dampfspeicherlok aus dem Jahr 1911 von Orenstein und Koppel. Die Lokomotive ging als Geschenk in den Besitz der Geesthachter über. Gefahren wird auf der Strecke Bergedorf Süd – Geesthacht – Krümmel an mehreren Wochenenden zwischen April und Oktober, wobei zwei Zugpaare die Gesamtstrecke befahren und zwei weitere jeweils in Geesthacht enden. Zusätzlich bietet der Verein im Dezember an zwei Tagen sogenannte Nikolausfahrten an, die aber alle in Geesthacht enden.

www.geesthachter-eisenbahn.de

EINGESETZTE DAMPFLOKOMOTIVEN

Lok	Baujahr	Achsfolge	Hersteller	Bemerkung
Q 350/ Karoline	1945	D	Frichs	2. Bauserie der Baureihe Q
Nr.1/ Dornröschen	1918	C	Henschel	
4959	1911	B	Orenstein & Koppel	Dampfspeicherlok

03 MUSEUMSBAHNEN SCHÖNBERGER STRAND

1914 wurde die schon bestehende Kleinbahnstrecke Kiel – Schönberg um vier Kilometer bis Schönberger Strand verlängert. Auf dieser Strecke fahren seit 1976 Museumszüge des Vereins Verkehrsamateure und Museumsbahn.

Östlich der Kieler Förde wurde von der „Eisenbahnbau- und Betriebsgesellschaft Lenz & Co. Berlin“ im Jahr 1897 eine normalspurige Kleinbahn vom Kieler Kleinbahnhof nach Schönberg nahe der Ostseeküste gebaut und in Betrieb genommen. Kurz vor Ausbruch des Ersten Weltkriegs, am 18. Juni 1914, war die Verlängerung der Strecke bis zum Seebad Schönberger Strand fertig. Wegen der strategischen Bedeutung der Bahn – neben einer Abzweigbahn zur Marinebasis Laboe gab es auch mehrere Gleisanschlüsse zu Flakstellungen – wurde die Strecke am Ende des Zweiten Weltkriegs stark beschädigt. Nach der Wiederinstandsetzung erfolgte hier der Strukturwandel recht früh: Bereits 1953 setzte die unter der Bezeichnung Kleinbahn Kiel-Schönberg AG (1963 in Kiel-Schönberger Eisenbahn umbenannt) firmierende Bahn als bundesweit erstes Unternehmen zwei neu konzipierte Großraumdieseltriebwagen der Firma MAK im Personenverkehr ein. Diese Fahrzeuge ähnelten in ihrem Aufbau den in den frühen 1950er-Jahren bei der DB neu eingeführten modernen Reisezugwagen. Ein Jahr später wurden die Personenzüge statt zum Kieler Kleinbahnhof bis zum Hauptbahnhof Kiel durchgebunden. Der Personenverkehr mit den Großraumtriebwagen – inzwischen von den Verkehrsbetrieben Kreis Plön (VKP) durchgeführt – hielt sich noch 21 Jahre und endete am 31. Mai 1975, obwohl der Verkehr gerade während der Saison in Sommermonaten beachtlich war. Danach verkehrte noch ein tägliches Zugpaar bis Anfang 1981, bestehend aus einer Diesellok mit Beiwagen. Der verbliebene Güterverkehr beschränkte sich auf die ersten gut sieben Kilometer bis zum 1908 angelegten Abzweig zum Kieler Ostuferhafen. Das Land Schleswig-Holstein plant derzeit die Reaktivierung der Strecke bis Schönberg, erwartet werden 1500 Reisende pro Tag. Auf der vier Kilometer langen Teilstrecke zwischen Schönberg und Schönberger Strand führt der Verein Verkehrsamateure und Museumsbahn seit Sommer 1976 Museumsbahnverkehr durch, wobei bisher im Sommer einige Züge am Wochenende bis Kiel Hbf verkehrten. 2016 werden diese Anschlüsse durch moderne Nahverkehrstriebwagen der Regionalbahn Schleswig-

Holstein hergestellt. Den Bahnbetrieb führt seit 1994 die VVM-Museumsbahn-Betriebsgesellschaft mbh als Eisenbahnverkehrs- und -infrastrukturunternehmen durch, deren einziger Gesellschafter der bereits erwähnte Verein ist. Neben dem Fahrbetrieb widmet sich der Verein der Pflege seiner im Museumsbahnhof Schönberger Strand zu besichtigenden Sammlung von Eisenbahn- und Straßenbahnfahrzeugen vorwiegend norddeutscher Herkunft. Außer Dieseltriebfahrzeugen und historischen Straßenbahnen, die auf einem Rundkurs vor dem Bahnhofsgebäude in Schönberger Strand vorgeführt werden, kommt auf der Museumsstrecke eine 1920 bei Henschel in Kassel gebaute dreiachsige Tenderlok zum Einsatz, die bis zu ihrer Außerdienststellung in einem Kaliwerk bei Hannover dampfte. Die Lokomotive wird allerdings zurzeit instand gesetzt, ob sie 2016 vor den Museumszügen eingesetzt werden kann, war Anfang 2016 noch unklar. Eine zweite Maschine, die allerdings nur über zwei Treibachsen verfügt, befindet sich gerade im Aufbau. Die Museumszüge verkehren zwischen Ende März und Oktober überwiegend am Wochenende an ausgewählten Tagen, deren Daten auf der Internetseite des Vereins eingesehen werden können.

www.vvm-museumsbahn.de

Lok 3 (Baujahr 1920) steht abfahrbereit im Bahnhof Schönberger Strand. Zum Bahnhof gehört ein repräsentatives Empfangsgebäude aus dem Jahr 1914.

04 DE LÜTT KAFFEEBRENNER

Auf einem fünf Kilometer langen Streckenstück der ehemaligen Normalspurstrecke von Grevesmühlen nach Klütz in Mecklenburg-Vorpommern fährt die Stiftung Deutsche Kleinbahnen seit 2014 auf 600-mm-Spur.

Die Großherzoglich-Mecklenburgische Friedrich-Franz-Eisenbahn eröffnete am 6. Juni 1905 eine gut 15 Kilometer lange Nebenbahn, die im Bahnhof Grevesmühlen von der Hauptstrecke Lübeck – Bad Kleinen in nördlicher Richtung abzweigte und im Ort Klütz, wenige Kilometer vor der Ostseeküste, endete. Die überwiegend landwirtschaftlich geprägte Gegend benötigte dringend eine gegenüber den unzureichenden Chausseen verbesserte Möglichkeit, landwirtschaftliche Produkte abzutransportieren. Die wenige Kilometer südlich von Klütz verlaufende Hauptbahn von Lübeck nach Bad Kleinen war im Jahr 1870 eröffnet worden und weckte naturgemäß in den nördlich der Bahn gelegenen Orten den Wunsch, ebenfalls eine Eisenbahnanbindung zu erlangen. Zunächst waren Projekte in schmalspuriger Ausführung im Gespräch, letztlich wurde aber 1903 die Konzession für eine Normalspurstrecke erteilt, die zwei Jahre später als Kleinbahn eröffnet werden konnte und sich schnell den Spitznamen „Klützer Kaffeebrenner" nach einem in der Nähe angesiedelten Malzkaffeehersteller erwarb. Obwohl die Bahn zunächst mit gebrauchten Fahrzeugen der Friedrich-Franz-Eisenbahn auskommen musste, entwickelten sich die Transportmengen bis zum Ersten Weltkrieg gut. Nach dem Krieg erfolgte sogar die Heraufstufung zur Nebenbahn.

Umspurung nach Stilllegung und Streckenabbau

Der Niedergang begann nach dem Zweiten Weltkrieg. Der verschlissene Oberbau führte zu einer Reduzierung der Streckengeschwindigkeit auf 20 km/h

EINGESETZTE DAMPFLOKOMOTIVEN

Lok	Baujahr	Achsfolge	Hersteller	Bemerkung
Riesa	1948	B	Henschel	
Krauss	1921	B	Krauss	

Beide Dampfloks sind hier im Bahnhof Klütz zu sehen. Das Gebäude links ist der Lokschuppen des Bahnhofs. Der leicht erhöhte Gebäudeteil ganz links enthielt früher den Wassertank.

und erheblich verlängerten Fahrzeiten, sodass die Bahnfahrt nicht mehr konkurrenzfähig war. Trotzdem überstand die Nebenbahn noch die Reichsbahnzeit. Am 31. Dezember 1992 wurde dann der Güterverkehr eingestellt, der Personenverkehr folgte am 27. Mai 1995. Schon im nächsten Jahr gründete sich der Verein Klützer Kaffeebrenner e.V. mit dem Ziel, die Strecke als Tourismusbahn wiederzueröffnen. Bis 2005 hielten sich diese Fahrten, mussten dann allerdings mangels genügend hoher Einnahmen eingestellt werden. Ein Jahr später wurden die Gleise vollständig abgebaut. Neues Leben kam 2012 auf die Strecke, als die Stiftung Deutsche Kleinbahnen begann, ein fünf Kilometer langes Streckenstück zwischen dem ehemaligen Endpunkt Klütz und Reppenhagen instand zu setzen. Auf der alten Trasse wurde ein schmalspuriges Gleis mit 600 mm Spurweite verlegt. Bereits im Mai 2014 konnten die ersten Museumsbahnzüge verkehren. Gefahren wird bei der Museumseisenbahn von montags bis freitags in den Monaten von Mai bis September, im April und Oktober ist mittwochs Ruhetag. Die zwanzigminütige Fahrt wird in den Sommermonaten Juni, Juli und August viermal täglich in beiden Richtungen angeboten, im Mai und September verkehren drei und im April und Oktober zwei Zugpaare. Zwei Dampflokomotiven sind beim „Lütt Kaffeebrenner" (hochdeutsch: kleiner Kaffeebrenner), wie die Bahn sich nun nennt, vorhanden. Eine Besonderheit im Bahnhof Klütz muss noch erwähnt werden: Dort gibt es eine sogenannte Segmentdrehscheibe, bei der die Drehscheibenbrücke nur ein Kreissegment überstreicht. Eine solche Drehscheibe dient dazu, Fahrzeuge von einem Gleis aufs andere umzusetzen, und das ohne den Platzbedarf, den entsprechend angeordnete Weichen erfordern würden.

www.stiftung-deutsche-kleinbahnen.de

05 DER MOLLI

Die älteste Schmalspurbahn Norddeutschlands dampft auch heute noch, 130 Jahre nach ihrer Eröffnung, Tag für Tag durch die Küstenlandschaft Mecklenburg-Vorpommerns von Bad Doberan an der Strecke Wismar – Rostock nach Kühlungsborn West an der Ostseeküste.

Die Entstehung der Strecke muss im Zusammenhang mit Heiligendamms Aufstieg zu einem bedeutenden Seebad gesehen werden. Der 1793 entstandene mondäne Badeort liegt etwas abseits der bereits erwähnten Vollspurstrecke von Wismar nach Rostock und erfreute sich schon vor dem Bahnbau eines regen Zuspruchs vor allem der etwas betuchteren Klientel; die Anbindung des Badeortes über eine unzureichend ausgebaute Chaussee wurde bald als immer unbefriedigender empfunden. Eine schmalspurige Eisenbahnstrecke sollte hier Abhilfe schaffen. Am 7. Juli 1886 wurde die Linie Doberan – Heiligendamm mit einer Spurweite von 900 mm als Doberan – Heiligendammer Eisenbahn eröffnet, bereits vier Jahre später gingen Verwaltung und Betriebsführung auf die Großherzoglich Mecklenburgische Friedrich-Franz-Eisenbahn über. In den ersten Jahren wurde nur während der Sommersaison gefahren. Nachdem Anrainergemeinden ihre finanzielle Beteiligung zugesagt hatten, konnte die Strecke im Jahr 1910 bis Arendsee, dem späteren Kühlungsborn, verlängert werden. Gleichzeitig wurde der ganzjährige Verkehr aufgenommen und öffentlicher Güterverkehr angeboten. 1920 ging die Strecke in den Besitz der neu gegründeten Reichsbahn über. Bemühungen in den folgenden Jahren, die Strecke auf Normalspur umzuspuren, scheiterten. Trotz des Mankos der

EINGESETZTE DAMPFLOKOMOTIVEN

Lok	Baujahr	Achsfolge	Hersteller	Bemerkung
99 2321	1932	1'D 1'	O & K	Fabriknr. 12400
99 2322	1932	1'D 1'	O & K	Fabriknr. 12401
99 2323	1932	1'D 1'	O & K	Fabriknr. 12402
99 2331	1951	D	Lokomotivbau Babelsberg	Fabriknr. 3011
99 2324	2009	1'D 1'	Dampflokwerk Meiningen	Fabriknr. 203

schmalen Spur entwickelten sich Personen- und Güterverkehr zwischen den Weltkriegen gut, sodass zeitweilig 13 Personenzugpaare täglich gefahren werden mussten. Nach dem Zweiten Weltkrieg sank das Angebot auf sieben Zugpaare und stieg erst in den 1950er-Jahren wieder an. Obwohl Mitte der 1960er-Jahre doppelt so viele Güter auf der Strecke transportiert worden waren wie 1930, wurde der Güterverkehr am 31. Mai 1969 eingestellt. Einerseits hatten die inzwischen in der ehemaligen DDR eingerichteten Landwirtschaftlichen Produktionsgenossenschaften genügend LKWs für die Transporte, andererseits war die Deutsche Reichsbahn froh, sich das aufwendige Umladen der Güter in Doberan sparen zu können. Zeitgleich stand auch die Einstellung des Personenverkehrs an, denn in einem verkehrswissenschaftlichen Gutachten wurde der Abbau sämtlicher Schmalspurstrecken in der DDR empfohlen. Dazu kam es glücklicherweise nicht und 1974 wurde die Strecke in die Denkmalliste des Bezirks Rostock aufgenommen, 1976 unter Denkmalschutz gestellt und in der Folgezeit umfassend saniert. Nach Gründung der Deutschen Bahn gehörte auch diese Strecke zum neuen Unternehmen, bevor ein Jahr später die Privatisierung folgte und die Bahn seitdem als überwiegend kommunales Unternehmen unter dem Namen Mecklenburgische Bäderbahn Molli weiter betrie-

Am 16. Juli 2006 rollt 99 2321-0 nach der Fahrt von Bad Doberan in Kühlungsborn-West zu den Lokbehandlungsanlagen.

An solch einem schönen Julitag ist es natürlich ein besonderer Genuss, dem „Molli" fotografisch nachzustellen. Hier sind wir bei Heiligendamm.

ben wird. Auch wenn nach der Wende die Fahrgastzahlen zunächst rückläufig waren, ist der „Molli", wie die Bahn in der Bevölkerung genannt wird, heute aus dem touristischen Leben an der Ostseeküste nicht mehr wegzudenken. Fahrfähig sind beim Molli zurzeit fünf Dampflokomotiven. 99 2321, 99 2322 und 99 2323 (Orenstein und Koppel, Achsfolge 1`D 1`) stammen aus dem Jahr 1932 und sind die ältesten Maschinen. Ein Nachkriegsbau aus dem Jahr 1951 ist 99 2331 (Lokomotivbau Karl Marx Babelsberg), während die Jüngste im Bunde, 99 2324, ein Neubau aus dem Jahr 2008/09 (Werk Meiningen, Achsfolge 1´D 1´)ist. Eine weitere mit 99 2331 baugleiche Maschine, 99 2332, ist seit 1996 nicht mehr betriebsfähig und steht im Bahnhof Kühlungsborn West. Zwar herrscht auf der Bäderbahn planmäßiger täglicher Dampflokbetrieb, es gibt aber Unterschiede zwischen Sommer- und Winterfahrplan. Während zwischen April und Oktober elf Zugpaare angeboten werden, ist der Winterfahrplan ausgedünnt. In den Monaten November bis März verkehren nur fünf Zugpaare, ergänzt um drei Zugpaare an ausgewählten Tagen in den Monaten November bis Januar.

www.molli-bahn.de

06 DER RASENDE ROLAND

Viel ist nicht übrig geblieben vom ehemaligen Schmalspurnetz der Insel Rügen. Immerhin konnte die verbliebene Strecke Putbus – Göhren im Jahr 1999 um nicht ganz drei Kilometer von Putbus bis Lauterbach verlängert werden. Hier verkehren die Züge gemeinsam mit normalspurigen Triebwagen auf einem Dreischienengleis.

Nachdem bis auf die erst 1937 eingeweihte Linie Lietzow – Prora – Binz alle normalspurigen Eisenbahnstrecken auf der Insel Rügen fertig waren, sollte gegen Ende des 19. Jahrhunderts auch das Hinterland der Bahnstrecken durch Eisenbahnen erschlossen werden. Hierbei ging es in erster Linie darum, die landwirtschaftlichen Erzeugnisse der Region abtransportieren zu können, aber auch um den aufkommenden Fremdenverkehr. Zwei aus Kostengründen schmalspurig ausgeführte Strecken führten einerseits von Bergen über Wittower Fähre – hier musste der Zug auf einer Fähre über den 300 Meter breiten Breetzer Bodden nach Fährhof übergesetzt werden – nach Altenkirchen im Norden der Insel, andererseits vom Fährhafen Altefähr über Garz nach Putbus und weiter über Binz und Sellin nach Göhren. Von diesem Schmalspurnetz der Insel Rügen ist nach umfangreichen Stilllegungen zwischen 1967 und 1971 nur der Streckenabschnitt von Putbus nach Göhren übrig geblieben. Die 750-mm-Strecke wurde zwischen 1895 und 1899 in mehreren Abschnitten eröffnet: Putbus – Binz (10,8 km) am 22. Juli 1895, Binz – Sellin-West (7,1 km) am

Der Personenzug von Putbus nach Göhren, gezogen von 99 4801-9, wird am 31.7.2011 in Kürze den Haltepunkt Serams erreicht haben.

20. März 1896, Sellin-West – Sellin-Ost (1,2 km) am 23. Mai 1896 und Sellin-Ost – Göhren (5,1 km) am 13. Oktober 1899. Mit Bau und Betriebsführung der neu gegründeten Rügenschen Kleinbahnen wurde der Stettiner Unternehmer Friedrich Lenz betraut. Im Jahr 1940 wurden alle Kleinbahnstrecken Rügens zusammen mit anderen Bahnen auf dem Festland zur Pommerschen Landesbahn zusammengefasst, neun Jahre später übernahm die Deutsche Reichsbahn die Betriebsführung der Strecken auf Rügen, die nicht nur den Krieg unbeschadet überstanden hatten, sondern auch vom Streckenabbau im Zuge der Reparationsleistungen an die Sowjetunion verschont geblieben waren. Der in der jungen DDR zentral durch den FDGB organisierte Tourismus auf der Insel entwickelte sich derart, dass die Bahnen in den 1950er-Jahren an ihre Leistungsgrenze stießen.

Von der Reichsbahn zur Pressnitztalbahn

In den Folgejahren allerdings wanderte ein großer Teil des Güterverkehrs auf die Straße ab, auch weil das umständliche Umladen von Normalspur auf Schmalspur die Gütertransporte auf den Kleinbahnen unattraktiv machte. Wie bereits erwähnt, wurden einige Streckenteile bis auf den Abschnitt Putbus – Göhren daraufhin stillgelegt. Mitte der 1970er-Jahre stand auch dieser letzte Teil des ehemaligen Schmalspurnetzes zur Disposition. Inzwischen hatte aber auch in der DDR ein Umdenkprozess eingesetzt, denn man hatte den Wert der Bahn als touristische Attraktion erkannt. 1975 wurden durch Erlass des Verkehrsministeriums mehrere schmalspurige Bahnen der DDR, darunter auch die Strecke Putbus – Göhren, als erhaltenswert eingestuft und die Bahnanlagen zwischen 1976 und 1979 umfassend saniert. Dem neuen Zweck diente die Umstationierung stärkerer Dampflokomotiven vom Zittauer Netz nach Rügen.

EINGESETZTE DAMPFLOKOMOTIVEN

Lok	Baujahr	Achsfolge	Hersteller	Bemerkung
99 4801	1938	1'D	Henschel	Fabriknr. 24367
99 4802	1938	1'D	Henschel	Fabriknr. 24386
99 1781	1953	1'E 1'	Lokomotivbau Babelsberg	Fabriknr. 32022
99 1782	1953	1'E 1'	Lokomotivbau Babelsberg	Fabriknr. 32023
99 1784	1953	1'E 1'	Lokomotivbau Babelsberg	Fabriknr. 32025
99 4011	1931	D	O & K	Fabriknr. 12348
99 4632	1914	D	Vulcan	Fabriknr. 2951
99 4633	1925	D	Vulcan	Fabriknr. 3851
HF 210 E	1939	E	Borsig	jetziger Name: Aquarius C

Mit mächtigen Auspuffschlägen verlässt 99 1782-4 am 16.8.2011 den Bahnhof Sellin in Richtung Putbus.

Obwohl nach dem Fall der Mauer der Urlauberstrom aus den alten Bundesländern stark zunahm, stand die Existenz der Strecke Putbus – Göhren bald wieder auf dem Spiel, da sich die DB von allen Schmalspurbahnen trennen wollte, obwohl eine Wirtschaftlichkeitsberechnung einen Weiterbetrieb sinnvoll erscheinen ließ. Zum Glück stellte sich heraus, dass im Jahr 1949 die damalige DR gar nicht Eigentümer der Bahn, sondern nur Betreiber geworden war, die Bahnanlagen sich also immer noch im Eigentum der Insel Rügen befand. So konnte die Strecke am 1. Januar 1996 an die Rügensche Kleinbahn GmbH & Co. (RüKB) übergehen, die den Betrieb mit Dampflokomotiven aufrechterhalten wollte. Nach erneuter Instandsetzung wurde die Strecke im Jahr 1999 sogar um 2,6 Kilometer bis nach Lauterbach verlängert. Da zwischen Putbus und Lauterbach bereits ein normalspuriges Gleis lag, verkehrt der Dampfzug auf einem Dreischienengleis. Dampfbetrieb gibt es allerdings nur in der Sommersaison von Mai bis Oktober. Seit 2008 liegt die Betriebsführung der jetzt Rügensche Bäderbahn (RüBB) genannten Bahn bei der Eisenbahnbau- und Betriebsgesellschaft Pressnitztalbahn mbH. Die auf Rügen eingesetzten Dampflokomotiven repräsentieren wie in einem Museum wesentliche Abschnitte der deutschen Kleinbahngeschichte. Wer den „Rasenden Roland“, so wird die Bahn im Volksmund genannt, besuchen möchte, sollte in den Sommermonaten anreisen, weil dann zusätzlich der Streckenteil nach Lauterbach befahren wird. Zwischen Binz und Göhren verkehren die Züge bis auf die Abendstunden in einem Stundentakt, von Putbus nach Binz kann man alle zwei Stunden reisen. Zwischen Lauterbach und Putbus verkehren im Sommer fünf Zugpaare.

www.ruegensche-baederbahn.de

07 BORKUMER KLEINBAHN

Auf der westlichsten der Ostfriesischen Inseln, Borkum, gibt es in der Regel zwar Wendezugbetrieb mit Diesellokomotiven. Vor ausgewählten Zügen kommt jedoch planmäßig die Dampflokomotive Borkum^{III} zum Einsatz.

Eine zweigleisige schmalspurige Eisenbahn, auf der noch reguläre Züge mit Dampftraktion verkehren, gibt es das? Auf der westlichsten der Ostfriesischen Inseln, der Hochseeinsel Borkum, ist das Realität. Keimzelle des in früheren Zeiten wesentlich ausgedehnteren Inselbahnnetzes war eine Materialbahn, die für den Bau eines neuen Leuchtturms 1879 als Pferdebahn gebaut worden war und danach für weitere Materialtransporte genutzt wurde. Da die Bahn in einer Bucht auf der Wattseite begann, gab es in der Folgezeit immer wieder Probleme wegen der Gezeiten, sodass ein fester Anleger gebaut wurde, der am Ende einer Neubaustrecke mit 900 mm Spurweite vom Ort zur „Fischerbalje" im Süden der Insel 1888 in Betrieb ging. Im Zusammenhang mit der Aufrüstung im Kaiserreich entstanden weitere Zweiglinien bis in den Ostteil der Insel. Nach dem Zweiten Weltkrieg schrumpfte das Streckennetz, weil die Entmilitarisierung Deutschlands zum sukzessiven Abbau der rein militärischen Zwecken dienenden Streckenteile der Inselbahn führte. Auf einer Linie längs des Strandes, die schon vor dem Krieg auch von Personenzügen befahren worden war, wurde 1949 der Personenverkehr mit zwei Wismarer Triebwagen (bekannt als „Schweineschnäuzchen") wieder aufgenommen, bereits 1953 erneut eingestellt, sodass seit diesem Datum Personenverkehr nur noch zwischen dem Ort und dem Schiffsanleger angeboten wurde.

Personenverkehr auf zweigleisiger Strecke

Nach 1960 geriet die Bahn in finanzielle Schwierigkeiten, der Güterverkehr wurde deshalb auf die Straße verlagert, die dem Güterverkehr dienenden Anlagen im Bahnhof Borkum verschwanden bis 1973. In den folgenden Jahren wurde viel in die Erneuerung der Infrastruktur investiert, neu gebaut wurde aber nur eins der beiden Streckengleise, das zweite war ab 1987 zunächst gesperrt. Betriebsstörungen während der Hochsaison sorgten aber schnell für eine Revidierung dieser Entscheidung, sodass ab 1994 beide Gleise wieder befahren werden konnten. Heute beträgt die Streckenhöchstgeschwindigkeit beachtliche 50 km/h, ein seltener Wert für Schmalspurbahnen. Gefahren wird, wie bereits erwähnt, überwiegend mit Wendezügen, es kommen aber auch historische Fahrzeuge wie ein Wismarer Triebwagen und die einzige Dampflok der Bahn zum Einsatz. Lok „Borkum“ ist die dritte mit diesem Namen, ihre Vorgänger versahen von 1888 bis 1925 (Borkum^{I}) und 1937 bis 1968 (Borkum^{II}) ihren Dienst auf der Insel. Der blau-schwarz lackierte Zweikuppler Borkum^{III} wurde im Jahr 1940 bei Orenstein und Koppel (Fabriknummer 13571) gebaut und vom 1. März 1941 an zunächst als „Dollart“ bei der Borkumer Kleinbahn eingesetzt. Die Maschine fand bis ins Jahr 1962 im Plandienst Verwendung und wurde im Jahr 1978 am Kurhaus in Borkum als Denkmal aufgestellt. Nach der Aufarbeitung im Jahr 1996 durch das Ausbesserungswerk Meiningen erhielt die Maschine eine Ölfeuerung und wurde auf Heißdampfbetrieb umgestellt. Bei einem Dienstgewicht von 17,5 Tonnen leistet die Lok 110 PS, was ihr eine Höchstgeschwindigkeit von 30 km/h verleiht. Im Plandienst ist die Lokomotive seit dem 25. März 1997 im Einsatz. Die Züge verkehren zwischen März und Dezember an mehreren Tagen im Monat, in der Hochsaison sogar an 10 bis 13 Tagen pro Monat. Die Abfahrtzeiten sind bei der Inselbahn abrufbar.

www.borkumer-kleinbahn.de

Am 25.7.2009 läuft Lok Borkum^{III} in den Bahnhof von Borkum ein. Für die meisten Inselurlauber gehört die Fahrt mit der Bahn unweigerlich zum Programm.

08 DAMPFEISENBAHN WESERBERGLAND

Der Förderverein Eisenbahn Rinteln – Stadthagen mit einem Uerdinger Schienenbus und die Dampfeisenbahn Weserbergland mit einer Güterzuglok der Reihe 52 teilen sich den Touristikverkehr auf der gut 20 Kilometer langen Strecke von Rinteln nach Stadthagen.

Am 3. März 1900 wurde zwischen Rinteln an der Weserbahn von Löhne nach Hameln und Stadthagen an der Strecke Hamm – Minden – Hannover die 20,4 Kilometer lange Privatbahn der Rinteln-Stadthagener Eisenbahn (RStE) eröffnet. Neben dem Personenverkehr spielte der Abtransport von Steinkohle aus nahe gelegenen Gruben und Steinen verschiedener Steinbrüche eine Rolle. Als die Kohlegruben geschlossen wurden, gingen die Transportmengen zurück und im Jahr 2007 verkehrte der letzte Güterzug auf der Strecke, der Personenverkehr ruhte bereits seit 1965. Kurz darauf bildete sich ein Förderkreis, der im Jahr 2010 den Förderverein Eisenbahn Rinteln – Stadthagen gründete. Die Mitglieder unterstützen die ebenfalls 2010 gegründete Bückebergbahn GmbH in ihrer Absicht, auf der Strecke wieder Schienenverkehr anbieten zu können. Diese Gesellschaft hat die Strecke seit 2010 gepachtet, die Betriebsführung liegt in den Händen der Rhein-Sieg-Eisenbahn. Inzwischen wird wieder Güterverkehr in Form von Holztransporten durchgeführt. Daneben existiert auf der Strecke auch Touristikverkehr, der einerseits mit einem Uerdinger Schienenbus, andererseits von der Dampfeisenbahn Weserbergland e.V. mit einer Dampflokomotive durchgeführt wird. Der Verein wurde im Jahr 1972 gegründet und bietet seit 1976 Fahrten zwischen Rinteln und Stadthagen an. Die ursprünglich in Rinteln ansässigen Eisenbahnfreunde mussten inzwischen nach Stadthagen umziehen, lediglich ein unter Denkmalschutz stehender Lokschuppen in Rinteln ist erhalten geblieben. Im Jahr 1995 konnte mit 52 8038 eine große Güterzuglokomotive erworben werden, die ab 1996 auf der Strecke zum Einsatz kam, später aber schadhaft wurde. Seit Juli 2015 fährt die 1943 gebaute „Kriegslok" nun wieder im Touristikverkehr für den Verein, neben der Hausstrecke werden auch Fahrten u.a. als „Weserberglandexpress" angeboten. Dampfzugfahrten zwischen Rinteln und Stadthagen finden nur an wenigen Sonntagen im Sommerhalbjahr statt.

www.dampfeisenbahn-weserbergland.de

Die 52 8038 passiert hier bei Bad Harzburg eine beeindruckende Signalbrücke, die schon oft die Aufmerksamkeit von Eisenbahnfotografen auf sich gezogen hat.

Die 52er trug ursprünglich die Nummer 52 5274 und wurde 1943 von Pierwsza Fabryka Lokomotyw w Polsce Sp. Akc. gebaut, die unter deutscher Besatzung ab 1941 Lokomotivfabrik Krenau hieß.

09 DEUTSCHER EISENBAHN-VEREIN

Seit 1966 verkehren die Museumszüge des Deutschen Eisenbahnvereins auf dem – nach Umspurung der Reststrecke – verbliebenen schmalspurigen Streckenabschnitt der ehemaligen Kleinbahn Hoya – Syke – Asendorf zwischen Bruchhausen – Vilsen und Asendorf. Die Bahn ist inzwischen zu einem bedeutenden Faktor der Tourismuswirtschaft der Grafschaft Hoya geworden.

Die Bauern aus dem Gebiet zwischen den Hauptstrecken von Bremen nach Osnabrück und von Bremen nach Hannover wollten ihre Produkte besser in die Ferne verkaufen können, daher wurde im letzten Viertel des 19. Jahrhunderts im Gebiet der ehemaligen Grafschaft Hoya der Ruf nach einer Eisenbahnanbindung laut. 1879 wurde zu diesem Zweck die Hoyaer Eisenbahngesellschaft (HEG) gegründet, es sollte eine normalspurige Eisenbahnstrecke von Eystrup an der Hauptbahn nach Hannover bis zum 6,9 Kilometer entfernten Hoya gebaut werden. Nach Konzessionserteilung am 24. Mai 1884 begannen die Arbeiten im Jahr darauf und wurden noch im November desselben Jahres abgeschlossen. 1897 wurde die Kleinbahn Hoya-Syke-Asendorf (HSA) gegründet, die eine Meterspurstrecke von Syke aus über Bruchhausen-Vilsen nach Hoya und einen Abzweig in Bruchhausen-Vilsen nach Asendorf betreiben wollte. Am 6. Juni 1900 gingen auch diese beiden Strecken in Betrieb. Ärgerlich war, dass es in Hoya zwischen der HEG und der HSA eine 700 Meter lange Lücke mit der Weser als natürlicher Barriere gab, was bei Transporten vom Westen der Grafschaft Hoya nach Eystrup zu umständlichen Umlademanövern zwang. Noch vor dem Ersten Weltkrieg wurde deshalb eine Weserbrücke gebaut, sodass in Hoya Güter der einen auf die andere Bahn übergehen konnten, wobei die verschiedenen Spurweiten nach wie vor ein Umladen nötig machten. Dieser Zustand hielt über Jahrzehnte an.

Um dem wachsenden Konkurrenzdruck der Straße begegnen zu können, reiften in den 1950er-Jahren Pläne, die Gleise der inzwischen in Hoya-Syke-Asendorfer Eisenbahn (HSAE) umbenannten Gesellschaft auf Normalspur umzunageln. Davon sollte der Streckenast nach Asendorf allerdings ausgenommen werden, da hier inzwischen nur noch Güterverkehr abgewickelt wurde und der Transport mit Rollböcken offenbar nicht als großes Problem angesehen wurde. Im gleichen Zuge sollten HEG und HSEA in ein einziges Unternehmen überführt werden. 1963 wurde die Fusion vollzogen (neuer

Die Lokomotiven „Franzburg“ und „Spreewald“ bespannen am 21. Mai 2015 den Zug von Bruchhausen-Vilsen nach Asendorf (Aufnahme: Bruchhausen-Vilsen).

Lok „Spreewald“ ist an diesem Maitag mit ihrem PmG-Zug in Asendorf angekommen und muss nun zur Rückfahrt nach Bruchhausen-Vilsen umsetzen.

Name: Verkehrsbetriebe Grafschaft Hoya/VGH), im gleichen Jahr erfolgte die Umspurung zunächst zwischen Hoya und Bruchhausen-Vilsen, der Rest der Strecke folgte zwei Jahre später, sodass der erste durchgehende Zug zwischen Syke und Eystrup am 17. Januar 1966 verkehren konnte. Im Jahr 1972 wurde der Personenverkehr auf der Strecke eingestellt. Ein Jahr zuvor hatte man sich vom ebenfalls defizitären Güterverkehr nach Asendorf getrennt. Bereits im Jahr 1964 hatten Eisenbahnfreunde aus Hamburg den Deutschen Kleinbahn-Verein gegründet, dessen Ziel es war, eine Kleinbahnstrecke museal zu erhalten.

Museumsverkehr auf dem Asendorfer Streckenast

Da auf dem Asendorfer Streckenast zu dieser Zeit bereits Wochenendruhe herrschte, bot es sich an, auf dieser Strecke Museumsverkehr durchzuführen. Am 2. Juli 1966 verkehrte so der erste Zug der ersten deutschen Museumseisenbahn zwischen Bruchhausen-Vilsen und Heiligenberg. In den vergangenen fünf Jahrzehnten hat sich daraus ein deutschlandweit bekannter Verein entwickelt. Der Verein verfügt über zahlreiche auch betriebsfähige Exponate, von denen an dieser Stelle aber nur die Dampflokomotiven Erwähnung finden sollen. Zwei originale HSA-Lokomotiven mit den Namen Hoya (Hanomag 1899) und Bruchhausen (Hanomag 1899) gehören dazu. Während die „Hoya" im Museumsverkehr eingesetzt werden kann, wurde die „Bruchhausen" in der Mitte eines Kreisverkehrs am Bahnhof in Bruchhausen-Vilsen als Denkmal aufgestellt. Weitere vorhandene Exponate sind Lok „Hermann" (Kreis Altenaer Eisenbahn, 1911), „Plettenberg (Plettenberger Kleinbahn, 1927),"Spreewald" (Pillkaller Kleinbahn, 1917),"Franzburg"(Franzburger Kleinbahn, 1894) und 7s (Albtalbahn, 1897). Gefahren wird beim Deutschen Eisenbahn-Verein in der Saison (Mai bis Anfang Oktober) an Samstagen und an Sonn- und Feiertagen.

www.museumseisenbahn.de

EINGESETZTE DAMPFLOKOMOTIVEN

Lok	Baujahr	Achsfolge	Hersteller	Bemerkung
Hoya	1899	C	Hanomag	Fabriknr. 3341
Hermann	1911	C	Hohenzollern	Fabriknr. 2798
Plettenberg	1927	B	Henschel	Fabriknr. 29822
Spreewald	1917	1´C	Arnold Jung	Fabriknr. 2519
Franzburg	1894	B	Vulcan	Fabriknr. 1363
7s	1897	B´B´	Mb-G Karlsuhe	Fabriknr. 1478 / Mallet

10 MEPPEN-HASELÜNNER EISENBAHN

Seit 1988 bieten die Eisenbahnfreunde Hasetal auf der Strecke Meppen – Essen(Oldenburg) Museumsdampf an. Befahren wird nach zwei Fahrplänen entweder die Gesamtstrecke oder nur der Abschnitt Haselünne – Löningen.

Das Emsland im westlichen Niedersachsen wird von zwei bedeutenden Bahnlinien in Nord-Süd-Richtung durchquert, der elektrifizierten Emslandstrecke Rheine-Emden-Norddeich und der nicht elektrifizierten Strecke Osnabrück-Oldenburg. In den dazwischen liegenden dünn besiedelten und landwirtschaftlich geprägten Gebieten liegen zwar hier und da noch Gleise, auch gibt es noch Güterverkehr; Schienenpersonenverkehr wird man hier aber vergeblich suchen. Das war bis in die Bundesbahnzeit hinein anders. Eine dieser Nebenstrecken verband sogar beide Hauptbahnen zwischen Essen/Oldenburg und Meppen an der Emslandstrecke. Gebaut wurde zwischen 1888 und 1907 von beiden Enden

Die Personenwagen dieses Dampfzugs stammen aus den Jahren 1901 bis 1934. Die Lok „Niedersachsen" legt sich hier sichtbar tüchtig ins Zeug.

aus. Zuerst ging im damaligen Großherzogtum Oldenburg am 12. August 1888 der 13,7 Kilometer lange östliche Streckenteil zwischen Essen und Löningen in Betrieb, 1894 folgten die nächsten knapp fünf Kilometer bis Helmighausen. Betriebsführer war die Großherzoglich Oldenburgische Staatseisenbahn. Im gleichen Jahr fuhren auch die ersten Züge der Meppen-Haselünner Eisenbahn (MHE) auf dem westlichen, 16,5 Kilometer langen und in der preußischen Provinz Hannover gelegenen Streckenteil zwischen Meppen und Haselünne. 1902 wurden hier weitere 8,8 Kilometer zwischen Haselünne und Herzlake eröffnet. Am 1. September 1907 schließlich wurde die noch vorhandene Lücke geschlossen; durchgehende Züge waren aber eher die Ausnahme. Erst nach dem Zweiten Weltkrieg befuhren für knapp zehn Jahre Züge der MHE die Gesamtstrecke bis Essen. Rationalisierungsmaßnahmen – bereits in den 1930er-Jahren kamen neben den dampfgeführten Reisezügen erste Dieseltriebwagen auf der Strecke zum Einsatz – konnten nicht verhindern, dass der Schienenpersonenverkehr zwischen 1962 und 1970 in drei Etappen eingestellt wurde. Im Güterverkehr ergibt sich allerdings ein anderes Bild. Auch hier waren trotz des vermehrten Einsatzes von Diesellokomotiven zunächst Rückgänge bei der beförderten Tonnage zu verzeichnen, inzwischen hat sich das Güterverkehrsaufkommen auf der inzwischen zur Emsländischen Eisenbahn gehörenden Strecke stabilisiert, auch weil der Transport von Hausmüll zur Müllverbrennungsanlage Salzbergen für stetiges Frachtaufkommen sorgt.

Ein wahres Schmuckstück ist die etwa neun Meter lange und 1922 bei Henschel & Sohn in Kassel gebaute Lokomotive. Bis Anfang der 1970er-Jahre hatte sie als Werklok gedient.

Kurz vor Haselünne aus Richtung Meppen kommend passiert der Zug gerade einen unbeschrankten Bahnübergang. Diesmal ist auch der rote Gesellschaftswagen eingereiht, der bewirtet wird.

Dass auch heute noch gelegentlich Personenzüge die Strecke befahren, ist dem Verein Eisenbahnfreunde Hasetal e. V. zu verdanken, der seit 1988 Museumsfahrten durchführt. Eingesetzt wird dabei auch die dreiachsige Dampflokomotive „Niedersachsen", eine 400 PS starke Nassdampftenderlokomotive, die 1922 bei Henschel in Kassel gebaut wurde. Die Maschine war zunächst bei einem Kraftwerk in Hattingen eingesetzt und kam nach Außerdienststellung 1973 zur Dampfeisenbahn Weserbergland. Im Jahr 1987 konnten die Eisenbahnfreunde Hasetal diese Lok aus Rinteln ins Hasetal holen. Die Lok wurde dort beispielsweise im Jahr 2015 an neun verschiedenen Tagen eingesetzt. 2016 wird es zwischen dem 1. Mai und dem 1. Oktober an 12 Tagen dampfen, wobei entweder die Gesamtstrecke (Fahrplan 1) oder nur der Abschnitt Haselünne – Löningen (Fahrplan 2) befahren wird. Termine können der Touristikseite www.hasetal.de der Hasetal-Touristik GmbH entnommen werden. Daneben kann der historische Zug auch für Charterfahrten außerhalb der offiziellen Fahrtage angemietet werden. Außerdem gibt es noch sogenannte Themenfahrten.

www.eisenbahnfreunde-hasetal.net

11 JAN HARPSTEDT – IM STIL DER 1950ER-JAHRE

Typischen Kleinbahnbetrieb der 1950er-Jahre zu zeigen, die Geschichte der Delmenhorst – Harpstedter – Eisenbahn aufzuarbeiten und historische Fahrzeuge der Bahn zu restaurieren, sind die Ziele der Delmenhorst-Harpstedter Eisenbahnfreunde, die im Winterhalbjahr mit Triebwagen, im Sommer auch mit Dampflokomotiven auf der Strecke Delmenhorst – Harpstedt Museumsbahnverkehr durchführen

Mehrere Gebietskörperschaften, darunter Preußen, Oldenburg und die Stadt Delmenhorst, gründeten im Jahr 1912 die „Kleinbahn Delmenhorst-Harpstedt GmbH". Die 22 Kilometer lange normalspurige Bahnstrecke von Delmenhorst nach Harpstedt wurde am 6. Juni 1912 eröffnet; Pläne für eine Anbindung Harpstedts an das Schienenetz hatten schon seit 1864 bestanden. Der Personenverkehr auf der Harpstedter Strecke endete bereits am 23. September 1967. Busse traten an die Stelle der Bahn. Seit 1998 bedient das heute als Delmenhorst-Harpstedter Eisenbahn (DHE) firmierende Unternehmen auch die in Delmenhorst beginnende Zweigbahn nach Lemwerder. Auf der Strecke nach Harpstedt bieten die Delmenhorst-Harpstedter Eisenbahnfreunde e.V. seit mehreren Jahrzehnten unter der Bezeichnung „Jan Harpstedt" Museumsbahnverkehr an, zeitweilig befuhr man auch die Strecke nach Lemwerder.

Kleinbahnflair der 1950er-Jahre

Der Verein wurde 1976 gegründet und möchte den Besuchern den Bahnbetrieb auf einer typischen Kleinbahn der 1950er-Jahre näher bringen. Daneben sollen auch die Geschichte der DHE aufgearbeitet und historische Fahrzeuge des Unternehmens restauriert werden. Seit 1992 werden auf der Strecke nach Harpstedt Fahrten mit Dampflokomotiven angeboten, zunächst mit einer 1990 erworbenen Maschine des Typs Knapsack der Firma Krupp, die allerdings 2001 mit Kesselschaden ausscheiden musste. Im Bestand des Vereins finden sich heute neben einem Triebwagen und drei kleinen Diesellokomotiven auch zwei weitere Dampflokomotiven, von denen eine betriebsfähig auf der Strecke eingesetzt werden kann. Lok 1 ist ein Nassdampf-Dreikuppler, der 1951 von Krupp mit der Fabriknummer 2824 hergestellt wurde und 1990 vom Verein

Verkehrsamateure und Museumsbahn e.V. aus Hamburg nach Harpstedt kam. Diese Lokomotive ist nicht betriebsfähig – Lok 2 dagegen steht unter Dampf, eine ebenfalls bei Krupp hergestellte Cn2-Lok aus dem Jahr 1955 (Fabriknummer 3437), die 1999 von der Fränkischen Museumseisenbahn in Nürnberg kam, dort aber nie gefahren ist und nun nach einer Aufarbeitung vor den Museumszügen zwischen Delmenhorst und Harpstedt zum Einsatz kommt. Die Lokomotive war bis 1986 als Bergwerkslok in Alsdorf (Aachener Revier), davor war sie auch in Mülheim (1961–1966) und Rheinhausen (1966–1973) eingesetzt. Bei den Personenwagen handelt es sich um drei Plattformwagen aus dem Jahr 1925, die von der Teutoburger-Wald-Eisenbahn stammen und zwei Dreiachser, die von der DB in den 1950er-Jahren unter Verwendung alter Fahrgestelle preußischer Abteilwagen gebaut worden waren. Die Museumseisenbahn kennt einen Winter- und einen Sommerfahrplan, Dampfzüge verkehren allerdings nur im Sommerhalbjahr, im Winter wird nur der Triebwagen eingesetzt. Der Sommerfahrplan weist an ausgewählten Tagen zwischen Mai und September zwei Fahrten je Richtung aus, ergänzt durch eine Spätverbindung, die mit dem Triebwagen durchgeführt wird. In allen Zügen wird die Beförderung von Fahrrädern angeboten, gut für alle Radfahrer, die in der Gegend gerne nicht allzu anstrengende Touren machen.

www.jan-harpstedt.de

Dampfzug mit Lok 2 auf freier Strecke bei Groß Ippener

12 MUSEUMSEISENBAHN MINDEN

Die Museumseisenbahn Minden führt Museumsverkehr auf der Strecke Preußisch Oldendorf – Bohmte der ehemaligen Wittlager Kreisbahn und auf den Strecken Minden – Kleinenbremen und Minden – Hille der Mindener Kreisbahnen durch, die einzige betriebsfähige Dampflok verkehrt allerdings nur von Minden aus, auf der ehemaligen Wittlager Kreisbahnstrecke fährt ein historischer Dieselzug.

Im Jahr 1892 wurde das preußische Kleinbahngesetz erlassen, auf dessen Grundlage 1898 eine meterspurige Eisenbahnstrecke der Mindener Kreisbahnen (MKB) von 29 Kilometern Länge zwischen Minden und Uchte eröffnet wurde. Bis 1921 kamen weitere Strecken nach Lübbecke und Kleinenbremen hinzu. Sowohl die Linie nach Kleinenbremen als auch eine weitere, die von der Uchter Strecke in Kutenhusen abzweigte und bis Wegholm führte, blieben unvollendet, denn sie sollten ursprünglich bis Uchte bzw. Rinteln führen. Zwischen den 1920er-Jahren und 1957 wurden alle Strecken der Mindener Kreisbahnen auf Normalspur umgebaut, dadurch entfiel das Umladen auf Güterwagen der Staatsbahn. Diese Rationalisierungsmaßnahme und auch der vermehrte Einsatz von Dieselfahrzeugen verhinderte die schrittweise Stilllegung jedoch nicht. Zwischen 1959 und 1974 wurde der Personenverkehr vollständig auf Busbetrieb umgestellt, mehrere Strecken des einst 83 Kilometer langen Netzes wurden inzwischen abgebaut. Heute existieren noch verschiedene Anschlussgleise in der Stadt Minden, die 13,7 Kilometer lange Strecke nach Kleinenbremen und ein Teil der Lübbecker Strecke bis zum Hafen in Hille. Im Dezember 2015 wurde allerdings bekannt, dass die Mindener Kreis-

EINGESETZTE DAMPFLOKOMOTIVEN

Lok	Baujahr	Achsfolge	Hersteller	Bemerkung
7512/Hannover	1908	1'C	Union	pr. T 11 (z. Zt. Kesselschaden)
7906/Stettin	1912	D	Union	pr. T 13
7371/Saarbrücken	1907	1'C	Hohenzollern	pr. T 9.3 (in Aufarbeitung)

Lok „Stettin" (preußische T 13) wurde 1912 bei Union in Königsberg gebaut. Hier zeigt sie mit Wagen der ehemaligen preußischen Staatsbahn, was in ihr steckt.

bahn zum 1. November 2015 den Streckenabschnitt Nammen Grube – Kleinenbremen gesperrt hat. Da in Nammen nicht ausgestiegen werden darf, werden die Museumszüge wohl in Zukunft auf dieser Strecke nicht mehr verkehren. Die Wittlager Kreisbahn AG eröffnete ihre Strecke von Holzhausen an der Staatsbahnstrecke Bassum – Bünde nach Bohmte an der Hauptstrecke Osnabrück – Bremen im Jahr 1900 in Normalspur. Am 1. Juli 1914 wurde diese Strecke bis Damme verlängert. Zwischen 1962 und 1971 erfolgte schrittweise die Einstellung des Schienenverkehrs. Museumsverkehr findet heute noch zwischen Holzhausen-Heddinghausen und Preußisch Oldendorf statt. Der Verein Museumseisenbahn Minden entstand im Jahr 1977. Im Besitz des Vereins befinden sich die letzten beiden Exemplare der preußischen Baureihen T 11 (ehem. 7512 „Hannover") und T 13 (ehem. 7906 „Stettin"), die auch in Länderbahnfarben lackiert sind. Während die T 11 in Minden abgestellt ist, wird die T 13 von Minden aus mit einem Länderbahnzug der ehemaligen preußischen Staatsbahn eingesetzt. Eine weitere alte Preußin, 7371 Saarbrücken der Reihe T 9.3, wird derzeit aufgearbeitet. Ebenfalls in Minden abgestellt ist Lok „Mevissen 4" (C h2t/Krupp 1952), während drei weitere Dampflokomotiven, „Alice Heye", 86 744 und 89 6237, in Preußisch Oldendorf abgestellt sind.

www.museumseisenbahn-minden.de

13 HESPERTALBAHN – AN DER RUHR ENTLANG

Lediglich dem Werksverkehr diente bis 1972 der Personenverkehr auf der Hespertalbahn. Heute kann jedermann mit den Personenzügen vom Bahnhof Essen-Kupferdreh aus bis zum knapp fünf Kilometer entfernten Haus Scheppen fahren.

Die Hespertalbahn an der Ruhr im Süden der Stadt Essen geht zurück auf eine schmalspurige Pferdeeisenbahn durch das namensgebende Hespertal, einem Seitental der unteren Ruhr, bis in den Raum Velbert, die zunächst der Versorgung der Phoenix-Hütte in Essen-Kupferdreh diente. Nachdem im Hespertal die Kohleförderung begonnen hatte, wurde die Bahn bis 1877 von Kupferdreh aus bis zu der im Hespertal gelegenen Zeche Richradt normalspurig ausgebaut und auch mit Dampflokomotiven betrieben. Der normalspurige Ausbau des südlichen Teils der Strecke erfolgte dann nicht mehr auf der Trasse der Pferdebahn, die auf dem westlichen Bachufer verlief, sondern auf eigenem Terrain auf dem östlichen Ufer des Hesperbaches. Diese normalspurige Eisenbahnlinie endete im Endbahnhof Hesperbrück. Kurze Zeit später wurde auf dem schmalspurigen Gleis der wenig effiziente Betrieb mit Pferden eingestellt. Nach der Schließung von Erzgruben und Kalkwerken im Hespertal erfolgte die Stilllegung des schmalspurigen Streckenteils noch im Ersten Weltkrieg, die Gleise wurden kurze Zeit später abgebaut. Auf der bisher ausschließlich dem Güterverkehr vorbehaltenen Strecke fand zwischen 1927 und der Stilllegung im Jahr 1972 auch Personenverkehr statt, der dem Werksverkehr der Zeche Pörtingssiepen diente.

1975 – das Jahr des Neuanfangs

Das Ende dieser Zeche im Jahr 1972 bedeutete auch das Aus für die Hespertalbahn, doch schon drei Jahre später wurde der Verein zur Erhaltung der Hespertalbahn (heutiger Name: Hespertalbahn e.V.) gegründet, der bereits ein

EINGESETZTE DAMPFLOKOMOTIVEN

Lok	Baujahr	Achsfolge	Hersteller	Bemerkung
D 5	1956	C	Jung	z. Zt. (2016) in Aufarbeitung
D 8	1961	C	Krupp	

Längs des Baldeneysees führt Lok D 8 ihren Personenzug der Hespertalbahn am 31. Mai 2015. Die Aufnahme entstand unweit der Endhaltestelle Haus Scheppen.

Jahr später einen ersten Museumszug zwischen dem Bahnhof Kupferdreh und Haus Scheppen fahren lassen konnte. Der Verein ist im Besitz von zwei relativ jungen Dreikupplern aus den Jahren 1956 und 1961. Während Lok D 5 (Hersteller: Jung 1956), die ursprünglich der Firma Elektromark in Hagen gehörte, zurzeit wieder hergestellt wird, kann die von der Ruhrkohle AG gekommene fünf Jahre jüngere D 8 (Hersteller: Krupp 1961/Typ Knapsack) vor dem Museumszug eingesetzt werden. Zwei vereinseigene betriebsfähige Diesellokomotiven vervollständigen den Fahrzeugpark der Hespertalbahn. Leider ist die entlang des Baldeneysees im Essener Süden verlaufende Museumsstrecke zwischen Essen-Kupferdreh und Haus Scheppen nur 4,6 Kilometer lang, denn auf dem restlichen Streckenteil bis Hesperbrück wurde das Gleis entfernt, wenn auch die Trasse noch erhalten ist und als Wanderweg genutzt wird. Fahrbetrieb findet auf der Hespertalbahn an verschiedenen Sonn- und Feiertagen zwischen Mai und Oktober statt, ergänzt wird das Angebot durch sogenannte Nikolausfahrten und zwei weitere Fahrtage zwischen Ende November und dem Jahresende.

www.hespertalbahn.de

Vor dem Einsatz auf der Hespertalbahn wird Lok D 8 in Essen-Kupferdreh am 31. Mai 2015 noch einmal gründlich durchgesehen.

14 SAUERLÄNDER KLEINBAHN

Auf der Trasse der Mitte der 1960er-Jahre aufgegebenen und später auch abgebauten Nebenbahn von Eiringhausen nach Herscheid baute der Verein Märkische Museumseisenbahn eine 2,3 Kilometer lange Schmalspurstrecke auf. Hier fährt die Sauerländer Kleinbahn auf Meterspur mit ihrer Lok „Bieberlies".

Nachdem 1861 die Hauptstrecke Hagen – Siegen durch das Lennetal und 1873 die Volmetalbahn Hagen – Brügge in Betrieb gegangen waren, wuchs auch in den Seitentälern von Lenne und Volme der Wunsch nach einem Eisenbahnanschluss. Insbesondere die auf den Höhen zwischen den beiden Flüssen gelegene Industriestadt Lüdenscheid drängte auf einen schnellen Anschluss an das Schienennetz. Dieser Wunsch ging mit Eröffnung der Stichstrecke Brügge – Lüdenscheid im Jahr 1880 in Erfüllung. Zur selben Zeit wünschte auch die Gemeinde Herscheid – zwischen Lüdenscheid und dem Lennetal gelegen – einen Bahnanschluss zu erhalten. Anbindungen an die Kreis Altenaer Eisenbahn oder die Plettenberger Kleinbahn waren im Gespräch, letztlich gebaut wurde aber eine normalspurige Eisenbahnstrecke von Herscheid über Plettenberg nach Eiringhausen (heute Stadtteil von Plettenberg), die am 8. Juli 1915 eröffnet wurde

In Seissenschmidt können sich Züge der Sauerländer Kleinbahn mithilfe eines Ausweichgleises begegnen. Lok 60 „Bieberlies" ist am 16. August 2015 allerdings allein mit ihrem Zug auf der Strecke.

und später mit der bereits erwähnten Stichstrecke Brügge–Lüdenscheid eine Verbindung zwischen Volme- und Lennestrecke schaffen sollte. Daraus wurde nichts, und so mussten sich die Herscheider mit einer Stichstrecke begnügen, die bereits im Jahr 1965 der automobilen Konkurrenz unterlag und im Personenverkehr stillgelegt wurde. Vier Jahre später endete auch der Güterverkehr oberhalb von Plettenberg. Zwischen Eiringhausen und Plettenberg fuhren Güterzüge noch bis zum 31. Dezember 1996. Die Strecke zwischen Plettenberg und Herscheid war bereits Jahre zuvor abgebaut worden, in Teilen war die Trasse aber erhalten geblieben. Eine Handvoll Eisenbahnfreunde schloss sich deshalb im Jahr 1982 zur Märkischen Museums-Eisenbahn zusammen mit dem Ziel, ehemals im Sauerland heimisch gewesene schmalspurige Fahrzeuge zu erwerben, aufzuarbeiten und auch im Fahrbetrieb einzusetzen. Ursprüngliche Pläne, eine Trasse der ehemaligen Kreis Altenaer Eisenbahn zu nutzen, konnten nicht verwirklicht werden. In Verhandlungen mit der DB gelang es aber, das Gelände des ehemaligen Bahnhofs Hüinghausen an der Strecke Herscheid–Plettenberg käuflich zu erwerben und von hier aus im Laufe der Zeit eine insgesamt 2,3 Kilometer lange Meterspurstrecke in Richtung Plettenberg aufzubauen. Mittelfristig möchte man die doch recht kurze Museumsstrecke sowohl in Richtung Herscheid als auch in Richtung Plettenberg verlängern. Der Fahr-

An der Endhaltestelle setzt die „Bieberlies" am 1. Mai 2008 um, denn in Kürze geht es zurück nach Hüinghausen.

Kräftig Dampf machen muss die „Bieberlies" in der Steigung kurz vor Hüinghausen (16. August 2015).

betrieb musste zunächst mit einer angemieteten Dampflok durchgeführt werden, bis ab 1992 die von der ehemaligen Kleinbahn Gießen-Bieber stammende Lok 60 „Bieberlies" als vereinseigene Lok eingesetzt werden konnte. Bei anfallenden Reparaturarbeiten kommen gelegentlich aber auch Leihloks zum Einsatz, so beispielsweise in den späten 1990er-Jahren 99 6101 von den Harzer Schmalspurbahnen. Neben der „Bieberlies" verfügt der Verein noch über zwei weitere Dampflokomotiven, die aber zurzeit nicht fahrfähig sind. Lok „Odenwald" ist ein Dreikuppler der Firma Borsig aus dem Jahr 1904, der von der DB-Strecke Mosbach – Mudau stammt, und die zweiachsige „Phoenix" ist ein Henschel-Nachkriegsbau von 1950 für die Hörder Hütten-Union. Auf die zahlreichen Dieselfahrzeuge und das historische Wagenmaterial des Vereins kann hier nicht näher eingegangen werden.

Fahrbetrieb gibt es im Sauerland zwischen April und Oktober, ergänzt durch Themenfahrten im November und Dezember. Schnell ausgebucht sind insbesondere die beliebten sogenannten Nikolausfahrten in der ersten Dezemberhälfte eines jeden Jahres. An Fahrtagen, deren Termine auf der Internetseite des Vereins eingesehen werden können, pendelt der Museumszug im Stundentakt zwischen dem Bahnhof Hüinghausen und der Endhaltestelle Köbbinghauser Hammer.

www.sauerlaender-kleinbahn.de

15 MUSEUMSEISENBAHN HAMM

Museumsdampf am Rande des Ruhrgebiets.

Nachdem bereits vor der Wende zum 20. Jahrhundert der Kreistag in Soest beschlossen hatte, den Raum zwischen den Hauptstrecken Hamm – Warburg und Hagen – Warburg mit meterspurigen Kleinbahnen zu erschließen, folgte wenige Jahre später der Kreis Hamm mit einem eigenen Netz von Schmalspurbahnen. Darunter war auch die am 1. April 1904 eröffnete 17 Kilometer lange Strecke von Hamm-Süd über Uentrop nach Oestinghausen, von wo aus man auf Gleisen der Soester Kreisbahn weiter nach Soest gelangen konnte. Bereits zwei Jahre nach der Eröffnung gründeten die beiden Kreise Soest und Hamm zwecks gemeinsamer Betriebsführung aller Kleinbahnen am 29. Januar 1903 unter Beteiligung der Stadt Hamm und des Amtes Rhynern die Ruhr-Lippe-Kleinbahnen GmbH. Zwei Jahre später wurde das Unternehmen in eine Aktiengesellschaft umgewandelt, an der sich weitere regionale Gebietskörperschaften beteiligten. Nachdem zwischenzeitlich der Name geändert worden war, erfolgte 1978/79 die erneute Umwandlung in eine GmbH und die Umbenennung in Regionalverkehr Ruhr-Lippe GmbH (RLG). Die heute im Museumsverkehr von Hamm Süd bis Lippborg-Heintrop befahrene Strecke wurde in den Jahren 1927 (Hamm Süd – Uentrop) und 1940 (Uentrop – Lippborg-Heintrop) auf Normalspur umgebaut. Dadurch wurde in Lippborg ein Umladen auf schmalspurige Fahrzeuge erforderlich, was langfristig die Rentabilität der Strecke herabsetzte. Im Oktober 1953 wurde deshalb der schmalspurige Streckenast zwischen Lippborg-Heinsberg und Soest stillgelegt, bereits elf Jahre später endete der Personenverkehr auch auf der normalspurigen Strecke; Güterverkehr wird jedoch noch heute durchgeführt. In Schmehausen bedient die RLG den Gleisanschluss des Kohlekraftwerks Westfalen, und in Uentrop gibt es einen Abzweig zu einem bedeutenden Chemiewerk. Auf dem

EINGESETZTE DAMPFLOKOMOTIVEN

Lok	Baujahr	Achsfolge	Hersteller	Bemerkung
Radbod	1906	C	Hohenzollern	Ex D-712
80 039	1929	C	Hohenzollern	Ex D-727

Streckenstück zwischen Schmehausen und Lippborg-Heintrop allerdings wurde der Güterverkehr 1989 eingestellt. Die im Jahr 1983 gegründete Museumseisenbahn Hamm e.V. konnte diesen 3,7 Kilometer langen und nicht mehr benötigten Gleisabschnitt käuflich erwerben, instand setzen und dort gemeinsam mit den Eisenbahnfreunden Hamm Museumsverkehr anbieten. Neben verschiedenen Diesellokomotiven besitzt der Verein drei Dampflokomotiven. Derzeit wird vor den Museumszügen eine im Jahr 1906 gebaute dreiachsige Tenderlokomotive eingesetzt, die 1974 auf der Zeche Radbod im Hammer Stadtteil Bockum-Hövel aus dem Dienst ausschied und heute den Namen der Zeche trägt. Die zweiachsige Lok „Hermann Heye", bei Jung 1941 produziert, stammt von den Gerresheimer Glaswerken in Düsseldorf, sie kam 1982 nach Hamm und ist leider seit 2005 nicht einsatzfähig. Dasselbe gilt für die ehemalige Einheitslok 80 039, die aber aktuell in Krefeld instand gesetzt wird. Die dreiachsige ehemalige Rangierlokomotive stammt aus dem Jahr 1929 und wurde 1961 beim Bw Schweinfurt ausgemustert. Der Verein führt neben den im Sommerhalbjahr angebotenen Dampfzugfahrten auf der Strecke Hamm Süd – Lippborg auch Reisen zu weiter entfernten touristischen Zielen durch, bei denen aber die vereinseigene V 200 033 zum Einsatz kommt.

---

www.museumseisenbahn-hamm.de

Lok „Radbod" vor einem Zug, dessen Wagenfolge so manchen Modellbahner zur Nachahmung anregen könnte. Die 1906 bei Hohenzollern gebaute Lok verrichtete bis 1953 ihre Dienste bei einer Zeche.

16 EISENBAHNMUSEUM BOCHUM-DAHLHAUSEN

Vom Eisenbahnmuseum der Deutschen Gesellschaft für Eisenbahngeschichte in Bochum Dahlhausen aus nach Hagen Hbf und von Hattingen über Hagen nach Ennepetal fahren die Züge der Ruhrtalbahn. Dabei kommt an ausgewählten Tagen im Ruhrtal zwischen Dahlhausen und Hagen eine Dampflok der Reihe 38.10 zum Einsatz.

Die heute von der Deutschen Gesellschaft für Eisenbahngeschichte (DGEG) als Museumsstrecke genutzte sogenannte „mittlere Ruhrtalbahn" führt von Dahlhausen/Ruhr (heute: Bochum-Dahlhausen) über Hattingen nach Hagen-Vorhalle, wo die Hauptstrecke von Bochum und Dortmund nach Hagen Hbf erreicht wird. Sie wurde auf dem linken Ruhrufer zwischen 1869 und 1874 gebaut und wird von planmäßigen Zügen nur noch auf dem Streckenstück zwischen Hattingen und Bochum-Dahlhausen befahren (Linie S 3 des Verkehrsverbundes Rhein-Ruhr), denn der Personenverkehr auf dem östlichen Streckenabschnitt zwischen Hattingen und Wengern-Ost wurde am 23. Mai 1971 eingestellt, während auch heute noch ein bescheidener Güterverkehr zwischen Hattingen und Herbede durchgeführt wird. Das Bahnbetriebswerk besaß bis in die 1960er-Jahre hinein, als der Kohleabbau im südlichen Ruhrgebiet unrentabel wurde, erhebliche Bedeutung für den Montanverkehr. Zeitweilig waren hier 50 Lokomotiven beheimatet. Über 500 Eisenbahner hatten hier ihren Arbeitsplatz. Neben der Zugförderung hatte das gegen Ende des Ersten Weltkriegs errichtete Bahnbetriebswerk in den Anfangsjahren auch Instandsetzungsaufgaben für andere Bahnbetriebswerke in der Nähe zu übernehmen.

Nach der Stilllegung im Jahr 1969 wurde das Werk acht Jahre später von der DGEG übernommen und zum derzeit größten privaten Eisenbahnmuseum Deutschlands ausgebaut. Seit einigen Jahren wird dieses Museum von der durch die DGEG und die Stadt Bochum 2011 gegründeten Stiftung Eisenbahnmuseum Bochum betrieben und steht mittlerweile unter Denkmalschutz. Es wurde schon in der Anfangszeit Keimzelle des heutigen Touristikverkehrs. Bereits 1981 begann die DGEG, mit Museumszügen von Dahlhausen aus die mittlere Ruhrtalbahn zu befahren, die inzwischen im

Auf der Rückfahrt von Bochum-Dahlhausen befahren die Museumsbahnzüge der DGEG auch ein Stück der Güterzugstrecke Witten-Volmarstein-Hagen (Wengern, 4. Oktober 2015).

Einfahrt von 38 3367 mit dem Museumsbahnzug von Bochum-Dahlhausen in den Hagener Hauptbahnhof (5. September 2010)

Eigentum des Regionalverbandes Ruhr steht. Seit 2005 gibt es auf der Strecke planmäßigen touristischen Personenverkehr, der von der zu diesem Zweck gegründeten Ruhrtal Betriebsgesellschaft mbH durchgeführt wird. Die gesamte Infrastruktur der Strecke wird von der Touristikeisenbahn Ruhrgebiet GmbH unterhalten, einer Gesellschaft, die zu diesem Zweck vom Regionalverband Ruhr gegründet wurde. Die Strecke hat ihr zweites Streckengleis verloren, der parallel zur Ruhrtalbahn geführte Ruhrtalradweg ist teilweise auf dem Planum des zweiten Gleises angelegt worden. Auf dem verbliebenen Gleis finden regelmäßig Zugfahrten zwischen dem Eisenbahnmuseum und Hagen Hbf statt, entweder mit einem Schienenbus der ehemaligen Baureihe VT 98 oder mit einer Dampflokomotive der Reihe 38.10 (38 2267), die auch gelegentlich vor Sonderzügen auf anderen Strecken zum Einsatz kommt. Die Dampfzugfahrten werden außer an einigen ausgewählten anderen Tagen zwischen Mai und Oktober jeweils am ersten Sonntag eines Monats angeboten, es verkehren an diesen Tagen drei Zugpaare. Eine Fahrt von Hagen Hbf bis zur Endstation in Bochum-Dahlhausen sollte unbedingt mit einem Besuch des bereits erwähnten Eisenbahnmuseums verbunden werden. Neben zahl-

Einsatz der DGEG-Lok 38 2267 in fremden Gefilden: Anlässlich von Sonderfahrten weilte die Lok am 8. Mai 2011 im Volmetal. In Oberbrügge wurden Kohle- und Wasservorräte ergänzt.

Gemeinsam mit 78 468 verlässt 38 2267 am 8. Mai 2011 den früher bedeutenden ländlichen Bahnknoten Brügge auf der Fahrt von Lüdenscheid nach Oberbrügge.

reichen anderen Fahrzeugen, auf die hier nicht näher eingegangen werden soll, verfügt das Museum über 15 verschiedene Dampflokomotiven, darunter seltene Exponate wie die 66 002, eine erst in den 1950er-Jahren von der DB in Dienst gestellte Personenzugtenderlok, von der nur zwei Exemplare produziert wurden. Lokomotiven der Baureihen 01 (01 008), 38 (38 2267), 44 (044 377-0), 50 (053 075-8), 55 (55 3345), 74 (74 1192), 80 (80 030), 95 (95 0028-1) und 97 (97 502) bieten einen guten Überblick über die bei Reichs- und Bundesbahn eingesetzten verschiedenen Dampfloktypen. Abgerundet wird die Sammlung durch weitere Lokomotiven von Privatbahnen und eine Tenderlok aus der Zeit der preußisch-hessischen Staatsbahn.

Geöffnet ist das Museum, das gut mit Zügen des öffentlichen Personennahverkehrs erreichbar ist, dienstags bis freitags und an Sonn- und Feiertagen von 10 bis 17 Uhr. Von Mitte November an ist das Museum in den Wintermonaten geschlossen. An Sonn- und Feiertagen bietet das Museum während der Öffnungszeiten einen Triebwagentransfer von der S-Bahn-Station Bochum-Dahlhausen zum Eisenbahnmuseum an.

www.ruhrtalbahn.de

17 DER SCHLUFF – KREFELD GIBT DAMPF

Auf der Strecke St. Tönis – Hülser Berg in Krefeld fährt eine mit Öl gefeuerte Dampflokomotive, deren Brenner mit elektrischer Energie arbeitet.

Ein respektables Unternehmen war die Crefelder Eisenbahn-Gesellschaft (CEG) mit ihrem Fahrzeugpark von fast 20 Dampflokomotiven, über 50 Personen- und weiteren rund 250 Güterwagen (1914), die 1880 gegründet worden war, um die zuvor in Konkurs gegangene Crefeld-Kreis Kempener Industrie-Eisenbahn-Gesellschaft (CKKIE) zu übernehmen. Diese nur 12 Jahre existierende Gesellschaft war 1868 mit dem Ziel gegründet worden, das Umland der Stadt Krefeld besser an die Industriestadt anzuschließen. Die Gesellschaft betrieb die normalspurigen Bahnlinien Hüls – Krefeld Süd, Krefeld Süd – Viersen, Süchteln – Grefrath und Hüls – Kempen – Süchtelnvorst. Bereits 1874 musste der Betrieb nach Grefrath eingestellt werden, nach Übernahme durch die CEG wurde hier der Personenverkehr aber zwischen 1881 und 1916 vorübergehend wieder aufgenommen. Die CEG war es auch, die das bereits von der CKKIE aufgegriffene Projekt einer Weiterführung der Strecke Krefeld Süd – Hüls bis Moers erneut in Angriff nahm. In zwei Teilen wurde dieser Streckenabschnitt 1882 eröffnet. Bereits nach dem Ersten Weltkrieg versuchte die Gesellschaft, den Personenverkehr durch den Einsatz von Triebwagen und parallelem Busverkehr rationeller zu gestalten. Zwischenzeitlich waren bis zum Zweiten Weltkrieg auf manchen Strecken sogar ausschließlich Omnibusse im Einsatz. Der sich bereits abzeichnende Niedergang des Personenverkehrs auf der Schiene setzte sich nach dem Zweiten Weltkrieg fort, sodass im Frühsommer 1951 der Personenverkehr gänzlich eingestellt wurde. In den Folgejahren ging es zudem mit dem Güterverkehr bergab, Strecke für Strecke verlor den Schienenverkehr, sodass vom einstigen Streckennetz nur noch die 13,6 Kilometer lange Strecke St.Tönis – Hülser Berg übrig geblieben ist. Auf dieser Linie verkehren heute die „Schluff" genannten Museumszüge, die zum Museumsbestand der Stadt Krefeld gehören und von den Stadtwerken Krefeld durchgeführt werden, wobei aber ehrenamtliche Helfer zum Einsatz kommen. Diese Fahrten werden seit dem Jahr 1979 angeboten, gezogen werden die Züge von der vierachsigen Nassdampftenderlok „Graf Bismarck XV" aus dem Jahr 1948. Diese Maschine war ursprünglich auf der Zeche Graf Bismarck in Gelsenkirchen eingesetzt und kam nach Außerdienststellung zur Deutschen Gesellschaft für Eisenbahngeschichte (DGEG) nach Bochum-Dahlhausen. Im Jahr 1979 gelangte die Lok nunmehr nach Krefeld, wo sie seit 1980 im Einsatz ist. Die Lokomotive weist einige Besonderheiten auf, die sie von anderen Museumsdampflokomotiven unterscheidet. Bei Übernahme von der DGEG wurde „Graf Bismarck XV“ von Kohle- auf Ölfeuerung umgestellt. Weil der inzwischen neu eingebaute Brenner mit elektrischer Energie betrieben wird, befindet sich auf der Lok noch ein dieselbetriebener Stromerzeuger, der auch die Stromversorgung des Zuges übernimmt. An den Fahrtagen (sonntags von Mai bis September) verkehren auf der Strecke drei Zugpaare zwischen 11 und 19 Uhr, die auf den knapp 14 Kilometern 50 bis 55 Minuten unterwegs sind. Zusätzlich werden wie auch auf vielen anderen Museumsbahnen Nikolausfahrten im Dezember angeboten.

www.swk.de/freizeit-schluff.html

Auch die „Graf Bismarck XV“ war wie die “Radbod” (siehe Seite 47) ursprünglich eine Zechenlok. Bei der Fahrt durch waldreiches Gebiet – wie hier zum Hülser Berg – ist es nützlich, dass die Lok von Kohle- auf Leichtölfeuerung umgestellt ist und daher kein Funkenflug zu erwarten ist, der Brände auslösen könnte.

18 SELFKANTBAHN – AUF METERSPUR

Von der ehemals 38 Kilometer langen Geilenkirchener Kreisbahn sind heute nur noch 5,5 Kilometer befahrbar. Zwischen Gillrath und Schierwaldenrath führt die Selfkantbahn zwischen April und September Schienenverkehr mit Dampflokomotiven durch.

Am 7. April 1900 wurde nahe der niederländischen Grenze die 38 Kilometer lange meterspurige „Geilenkirchener Kreisbahn" eröffnet, die von dem bekannten Unternehmen Lenz & Co. als Teil eines großen Schmalspurnetzes geplant worden war. Der umfangreiche Plan wurde aber nur zum Teil umgesetzt. Der südliche Teil der Strecke führte auf 17 Kilometern Länge von Alsdorf nördlich von Aachen zur damaligen Kreisstadt Geilenkirchen, wo auch Anschluss an die Staatsbahnstrecke Mönchengladbach – Aachen bestand, der westliche Ast von Geilenkirchen aus über Gangelt und Wehr nach Tüddern in den sogenannten Selfkant, das Grenzgebiet zwischen Geilenkirchen und Sittard in den Niederlanden. Betriebsführer war die Westdeutsche Eisenbahngesellschaft, die den Betrieb zunächst mit zweiachsigen Dampflokomotiven aufnahm, bevor leistungsfähigere Mallet-Maschinen auf die Strecke kamen. Trotz Rationalisierungsmaßnahmen geriet die Bahn nach dem Zweiten Weltkrieg in finanzielle Schwierigkeiten. Auch setzten die politischen Verhältnisse der Nachkriegszeit der Kreisbahn zu. 1949 wurde der Selfkant unter niederländische Verwaltung gestellt, die bis 1963 anhalten sollte. Die Niederländer untersagten den Fahrbetrieb auf dem Streckenabschnitt Tüddern – Gangelt, der nach 1963 nicht wieder aufgenommen wurde. Da auch auf den verbliebenen Streckenabschnitten die Nachfrage stark gesunken war, wurde der Personenverkehr der Geilenkirchener Kreisbahn in zwei Schritten zwischen 1953 und 1960 stillgelegt. Es verblieb der Güterverkehr, der überwiegend vom Transport landwirtschaftlicher Produkte geprägt war und schließlich mit Diesellokomotiven durchgeführt wurde. Auch wegen des schlechten Zustandes der Strecke zeichnete sich gegen Ende der 1960er-Jahre das Aus für die Meterspurstrecke ab. Zuletzt befahren wurde bis zum 1. Juli 1971 noch der Streckenabschnitt zwischen Geilenkirchen und Schierwaldenrath. Schon in der Endphase des Regelbetriebs gab es aber Bestrebungen, einen Teil der Kreisbahnstrecke für einen Museumsbetrieb wieder herzurichten. Bereits am 14. August 1971 konnte ein erster Museumszug seine Fahrt von Geilenkirchen aus auf dem westlichen Streckenast beginnen. Heute beschränkt sich der Fahrbetrieb auf das 5,5 Kilometer lange

Nur noch wenige hundert Meter, dann hat der Zug von Schierwaldenrath seinen Zielbahnhof Gillrath als sogenannte Nikolausfahrt erreicht (1. Dezember 2013)

Am 1. Dezember 2013 rangiert Lok „Schwarzach" im Bahnhof Schierwaldenrath.

Streckenstück Gillrath – Schierwaldenrath, auf dem zurzeit meist fünf Zugpaare an verschiedenen Tagen zwischen April und September nach Fahrplan verkehren. Es handelt sich bei der Selfkantbahn um die einzige erhaltene 1000-mm-Strecke Nordrhein-Westfalens, denn die ebenfalls auf Meterspur laufende Sauerländer Kleinbahn wurde auf der Trasse einer ehemaligen Normalspurstrecke aufgebaut. Neben zahlreichen Dieselfahrzeugen verfügt das Kleinbahnmuseum auch über sieben Dampflokomotiven, die aber nicht alle betriebsbereit sind. In Aufarbeitung befinden sich Lok „Hagen" (Jung/1956, Achsfolge B), Lok Rur (Henschel/1899, Achsfolge B) und Lok „Regenwalde (Borsig/1930, Achsfolge 1´C 1´). Abgestellt sind Lok 19 (Jung/1956, Achsfolge B) und Lok 46 (Graffenstaden/1897, Achsfolge B), während Lok 20 „Haspe" (Jung/1956, Achsfolge B) und Lok „Schwarzach" (Krauss-Maffei/1949, Achsfolge B) im Einsatz stehen.

www.selfkantbahn.de

EINGESETZTE DAMPFLOKOMOTIVEN

Lok	Baujahr	Achsfolge	Hersteller	Bemerkung
Hagen	1956	B	Jung	Fabriknr. 12784
Rur	1899	B	Henschel	Fabriknr. 5276 (Straßenbahndampflok)
Regenwalde	1930	1´C 1´	Borsig	Fabriknr. 12250
Haspe	1956	B	Jung	Fabriknr. 12783
Schwarzach	1949	B	Krauss-Maffei	Fabriknr. 17627

Mächtig Dampf muss Lok „Schwarzach" machen, um am 1. Dezember 2013 den Zug aus dem Bahnhof Schierwaldenrath heraus zu beschleunigen.

19 HESSENCOURRIER KASSEL – NAUMBURG

Privatpersonen, Gebietskörperschaften und die AG für Bau und Betrieb gründeten 1901 die Kassel Naumburger Eisenbahn AG. Deren 33,4 Kilometer lange Strecke führt von Kassel aus westwärts über Baunatal, Schauenburg und Bad Emstal nach Naumburg.

Die kurvenreiche Bahn muss auf Teilstrecken mit 233 Meter auf einer Entfernung von nur 14 Kilometern beachtliche Höhenunterschiede überwinden, an einer Stelle wurde eine Steigung von 2,9 Prozent erforderlich. Die Eröffnung der Strecke erfolgte in zwei Etappen: Vom 29. Oktober 1903 an konnte zwischen Kassel Wilhelmshöhe Kleinbahnhof und Elgershausen gefahren werden, ein knappes halbes Jahr später, am 31. März 1904, war die Gesamtstrecke bis Naumburg befahrbar. Mitte der 1960er-Jahre wurde die Kassel Naumburger Eisenbahn von der Hessischen Landesbahn übernommen. Die Einstellung des Personenverkehrs erfolgte am 4. September 1977, der Güterverkehr folgte auf dem Streckenabschnitt zwischen Baunatal und Naumburg am 31. März 1991, östlich von Baunatal verkehren auch heute noch Güterzüge zum VW-Werk Baunatal. Schon fünf Jahre vor dem Ende des Personenverkehrs begann zwischen Kassel und Naumburg der Museumsbahnverkehr, durchgeführt vom

HC 206 beim Vorbereitungsdienst für die Glühweinfahrt in Kassel-Wilhelmshöhe Süd. Im Hintergrund steht V 15.

Verein Hessencourrier e.V. Diese Fahrten, unterstützt von einem eigens zu diesem Zweck vom Hessencourrier und ortsansässigen Gebietskörperschaften 1992 gegründeten Verein Regionalmuseum Naumburger Kleinbahn e.V. (RMN) sicherten bisher den Bestand der Strecke. Bereits Ende der 1970er-Jahre konnte der Verein eine erste Dampflokomotive anschaffen. Lok HC 5 wurde 1952 bei Henschel in Kassel als Zweiachser gebaut und verfügt seit einem Umbau in einem Wittener Stahlwerk über eine auf Nebenbahnen selten anzutreffende Ölfeuerung. Obwohl diese Lok ganz in der Nähe in Kassel entstanden war, sollte mittelfristig ein Originalexponat der Kassel Naumburger Eisenbahn auf der Strecke zum Einsatz kommen. Ab 1982 wurde in dreijähriger ehrenamtlicher Arbeit die letzte auf der Strecke zum Einsatz gekommene

EINGESETZTE DAMPFLOKOMOTIVEN

Lok	Baujahr	Achsfolge	Hersteller	Bemerkung
HC 5	1952	B	Henschel	
52 4544	1944	1`E	DWM	
Naumburg 206	1941	E	Krauss-Maffei	

Blick von der V15 auf den Zug mit HC 206 an der Spitze bei Elgershausen

Dampflok wieder betriebsfertig aufgearbeitet. Für schwerere Züge konnte der Verein 1990 mit 52 4544 eine ehemalige „Kriegslok" der Deutschen Reichsbahn in Polen erwerben, bei der zurzeit eine Hauptuntersuchung ansteht. Ebenfalls eine fünfachsige Güterzuglok ist 50 3691, die vier Jahre später aus den neuen Bundesländern nach Kassel gelangte, inzwischen aber nicht mehr zum Bestand des Vereins gehört. Die nicht betriebsfähige 81 004 der ehemaligen Deutschen Bundesbahn ist das letzte Exemplar einer nur zehn Exemplare umfassenden Serie von vierachsigen Rangierlokomotiven. Die 1928 bei Hanomag entstandene Lok wurde bei der DB im Jahr 1963 ausgemustert und konnte 1996 erworben werden. Neben den erwähnten Dampflokomotiven verfügt der Verein noch über einen interessanten Wagenpark, eine Diesellok und eine VW-Draisine. Die Museumsbahnfahrten finden an ausgewählten Tagen wie Ostern statt, aber auch, wenn örtliche Feste Zubringerfahrten nahe legen. Darüber hinaus werden auch Themenfahrten (Teddybärenfahrt, Goldener Oktober, Volldampf in die Ferien usw.) angeboten. Auch das private Chartern von Zügen ist beim Verein Hessencourrier möglich. Die allgemeinen Fahrtage können der Internetseite des Vereins entnommen werden.

www.hessencourrier.de

20 BERGISCHER LÖWE WIEHLTALBAHN

In Osberghausen an der Aggertalbahn von Dieringhausen nach Köln zweigt eine eingleisige Bahnstrecke durch das Wiehltal ab, deren Gleise in Waldbröl enden. Auf dieser inzwischen unter Denkmalschutz stehenden Bahn fährt neben einem MAN-Triebwagen der Dampfzug „Bergischer Löwe" mit seiner Lok „Waldbröl" und historischem Wagenmaterial .

Eine Betriebsgenehmigung bis ins Jahr 2056 wurde der Wiehltalbahn, die von Osberghausen an der Aggerbahn nach Waldbröl führt, im Jahr 2008 erteilt. Diese Genehmigung war Ergebnis eines erbitterten Rechtsstreits zwischen den Anliegergemeinden, die eine Entwidmung anstrebten, und Befürwortern des Bahnbetriebs. Die Strecke durch das Tal der Wiehl wurde am 21. April 1897 bis Wiehl eröffnet, am 12. Dezember 1906 folgte der zweite Streckenabschnitt bis Waldbröl. Zwei Jahre später wurde die Wiehltalbahn von Hermesdorf aus mit Morsbach verbunden, von wo aus bereits ein Schienenstrang nach Wissen an der Sieg

Die Lok „Waldbröl" hat eine bewegte Geschichte. Gebaut wurde sie bei Arnold Jung im Jahr 1914. Brav tat sie bei der Kleinbahn Bielstein – Waldbröl ihre Pflicht. 1966 war damit Schluss. Rund zwanzig Jahre war sie danach Denkmallok in Nürnbrecht. Wer hätte gedacht, dass Sie wieder dampfen würde?

Wenig Mühe hat die dreiachsige Lok „Waldbröl" mit ihrem Dreiwagenzug am 26. April 2015 bei Bielstein auf der Wiehltalbahn.

führte. Zeitweilig gab es auf dieser Strecke von Wuppertal aus Eilzugverkehr quer durch das Bergische Land bis Waldbröl. Trotzdem geriet auch diese Strecke unter automobilen Konkurrenzdruck und so endete der Personenverkehr bereits im Jahr 1965. Es war aber nicht nur der Individualverkehr, der das Aus für die Strecke bedeutete. Wie auf zahlreichen anderen Strecken, so fehlte auch hier der Wille zur Aufrechterhaltung des Schienenpersonenverkehrs und so bot man bei unattraktiven Fahrplänen parallelen Busverkehr an, der die Fahrgastzahlen weiter nach unten drückte, sodass es keine rechte Argumentationsbasis für eine Weiterführung des Personenverkehrs gab. Güterverkehr wurde im Wiehltal noch bis zum 5. Oktober 1994 durchgeführt, die Stilllegung der Strecke folgte drei Jahre später am 24. Dezember 1997. Um dem drohenden Abriss der Gleise zu begegnen, pachtete ein inzwischen gegründeter Förderkreis zur Rettung der Wiehltalbahn e.V. 1998 die Strecke und betreibt sie seitdem zusammen mit der WB Wiehltalbahn GmbH. Neben den Eisenbahnbefürwortern gab es im Wiehltal aber auch Interessenvertreter aus Kreisen der Wirtschaft und der Anliegergemeinden, die den Abbau der Bahnstrecke wünschten, um neue Straßen bauen oder das eine oder andere Betriebsgelände erweitern zu können. Ende 2006 erwarben vier Kommunen im Einzugsbereich der Bahn von der DB AG die Strecke mit dem Ziel der endgültigen Stilllegung und des Abbaus der Gleise. Bereits einen Monat später verurteilte das Verwaltungsgericht in Köln jedoch das Land Nordrhein-Westfalen dazu, eine Betriebsgenehmigung für die Wiehltalbahn zu erteilen. Da das Land dieser gerichtlichen Aufforderung zunächst nicht nachkam, wurde erneut das Verwaltungsgericht in Köln eingeschaltet, das eine einstweilige Anordnung erließ. Das Land Nordrhein-Westfalen erteilte daraufhin am 28. Februar 2007 die Betriebsgenehmigung. Kurze Zeit später erging dann auch ein entsprechendes Gerichtsurteil. Die Anrainerkommunen gaben daraufhin ihren Widerstand auf und haben wohl inzwischen den touristischen und damit auch wirtschaftlichen Vorteil erkannt, den die Museumsbahn, die seit 2010 unter dem Namen „Bergischer Löwe“ verkehrt und von der IG-Bw-Dieringhausen betrieben wird, der Region bringen kann. Inzwischen wird sogar die Wiedereinführung des planmäßigen Personenverkehrs diskutiert. Nach Wiederherstellung der Gesamtstrecke bis Waldbröl erreichte 2010 zum ersten Mal wieder eine Dampflokomotive den Bahnhof der Stadt.

Zwar ist die eingesetzte Maschine mit dem Namen „Waldbröl“, die im Eigentum des Eisenbahnmuseums Dieringhausen steht, nie planmäßig auf der Strecke selbst gefahren, stammt aber von der abzweigenden Kleinbahn Bielstein – Waldbröl, wo der Betrieb schon 1966 eingestellt worden war, und ist so authentischer Rest der Dampflokzeit im Bergischen Land. Es handelt sich um einen im Jahr 1914 bei Jung in Jungenthal an der Sieg unter der Fabriknummer 2243 gefertigten Dreikuppler. Die Maschine stand lange Zeit falsch beschriftet als technisches Denkmal in Nümbrecht und wurde über einen längeren Zeitraum bis 2008 im Eisenbahnmuseum Dieringhausen restauriert. Das Museum, in einem ehemaligen Abzweigbahnhof an der Regionalbahnstrecke von Köln über Gummersbach nach Lüdenscheid gelegen, nutzt die Anlagen des früheren Bahnbetriebswerks Dieringhausen, das bis 1982 bestand und erhebliche Bedeutung für den Bahnbetrieb im südlichen Bergischen Land und im westlichen Sauerland hatte. Die dortigen Anlagen mit Ringlokschuppen, Drehscheibe, Bekohlungsanlage und Wasserkränen vermitteln auch heute noch authentische Eindrücke vom früheren Dampflokbetrieb der Deutschen Bundesbahn. Idealerweise verknüpft man die Fahrt ins Wiehltal mit einem Besuch im Museum, denn die Züge beginnen und enden im Eisenbahnmuseum von Dieringhausen. Im Regionalbahnhof Dieringhausen bestehen Anschlüsse in Richtung Köln und (ab Dezember 2017) Lüdenscheid/Hagen. Die Museumszüge verkehren von April bis Oktober jeweils Sonntags alle drei Wochen.

Das Eisenbahnmuseum ist jeden Samstag zwischen April und Oktober von 11 bis 17 Uhr und zusätzlich Sonntags an den Dampfzugtagen geöffnet.

www.ig-bw-dieringhausen.de, www.wiehltalbahn.de

Eine Fahrt mit dem „Bergischen Löwen" sollte man unbedingt verbinden mit einem Besuch im Eisenbahnmuseum in Dieringhausen, das im ehemaligen Bahnbetriebswerk untergebracht ist.

Am 20. September 2015 passiert der „Bergische Löwe" mit seiner Lok „Waldbröl" einen Bahnübergang zwischen Bielstein und Osberghausen.

21 HISTORISCHE EISENBAHN FRANKFURT

Auf den Gleisen der städtischen Hafenbahn in Frankfurt fahren seit 1978 an Wochenenden historische Züge des Vereins Historische Eisenbahn Frankfurt, die von den beiden Dampflokomotiven 01 118 und 52 4867 gezogen werden.

Zu Beginn des Eisenbahnzeitalters entstanden auf dem Gebiet der Stadt Frankfurt mehrere Kopfbahnhöfe am Ende der soeben gebauten Strecken. Als dieser Zustand wegen des stetig steigenden Verkehrsaufkommens schließlich unhaltbar wurde, baute die Stadt Frankfurt eine Verbindungsbahn zwischen dem Hanauer Bahnhof im Osten der Stadt und den Kopfbahnhöfen im Westen. Die zunächst sechs Kilometer, später fast acht Kilometer lange Strecke, die dem Flusslauf des Mains folgt, konnte im Juli 1859 dem Verkehr übergeben werden und wurde zunächst durch die Frankfurt-Hanauer Eisenbahngesellschaft betrieben. Schon 1872 ging die Betriebsführung auf die Hessische Ludwigsbahn über, später erfolgte die Verstaatlichung. Zwar endete noch vor dem Ersten Weltkrieg der zeitweilig durchgeführte Personenverkehr, gleichzeitig stieg aber die Bedeutung der Strecke im Güterverkehr durch die Eröffnung des Frankfurter Osthafens. Nach der Zerstörung großer Teile der Frankfurter Eisenbahninfrastruktur am Ende des Zweiten Weltkriegs wurde sie kurzzeitig auch wieder für den Personenverkehr im Stadtgebiet wichtig. Heute wird die Strecke täglich für Übergabefahrten im Güterverkehr und gelegentlich für Personenzugfahrten der Historische Eisenbahn Frankfurt e.V. genutzt. Dieser Verein entstand 1978 mit dem Ziel, historisch wertvolles Eisenbahnmaterial möglichst betriebsfähig zu erhalten. Bereits ein Jahr später konnten mit der Lok 50 685 und einigen Umbauwagen mit Unterstützung der Stadt Frankfurt, die im Besitz der Gleisanlagen ist, erste Museumsfahrten durchgeführt werden. In den nächsten Jahren erwarb der Verein zahlreiche Dampflokomotiven verschiedener Baureihen. Die nicht betriebsfähigen Exponate sind im Technikmuseum Sinsheim und in Speyer abgestellt. An betriebsfähigen Dampflokomotiven besitzen die Frankfurter eine Schnellzuglok der Baureihe 01 und eine Güterzuglok der Reihe 52. 01 118 wurde 1934 bei Krupp in Essen gebaut, war bis 1981 als 01 2118 bei der Deutschen Reichsbahn der DDR im Einsatz und besitzt noch die bei dieser Loktype in den Anfangsjahren obligatorischen Windleitbleche der Bauart Wagner. Diese Lokomotive kommt bei Sonderfahrten ver-

Bild der Kontraste: Mainufer mit blühender Natur, dazwischen unvermittelt Gleise und und die mächtige Dampflok. Im Hintergrund Türme des Glaubens an Gott oder das Geld.

Ein fast unwirklicher Anblick. Die 01er beim Haltepunkt der Europäischen Zentralbank.

schiedener Veranstalter auf wechselnden Strecken zum Einsatz. 52 4867 ist eine „Kriegslok" aus dem Jahr 1943. 1980 konnte der Verein Historische Eisenbahn die Lok von der Graz-Köflacher-Eisenbahn erwerben und ab 1985 auf den Gleisen der Frankfurter Hafenbahn einsetzen. Auf der eigentlichen Hafenbahn wird nur an einigen ausgewählten Tagen gefahren, allerdings gibt es zahlreiche Sonderfahrten im Raum Frankfurt, so regelmäßig an beiden Pfingsttagen auf der Frankfurt-Königsteiner Eisenbahn. Genauere Angaben zu den jährlich wechselnden Terminen können den Internetseiten des Vereins entnommen werden.

www.historische-eisenbahn-frankfurt.de

EINGESETZTE DAMPFLOKOMOTIVEN

Lok	Baujahr	Achsfolge	Hersteller	Bemerkung
01 118	1934	2´C 1´	Krupp	Bis 1981 DR
52 4867	1943	1´E	MBA	Ex ÖBB 152.4687

Auch hier geht es unmittelbar am Main entlang. Hier ahnt man allerdings noch, dass früher das Ufer ein Ort war, wo Handel und Gewerbe für Arbeit und Transportgüter sorgten.

22 DAMPFKLEINBAHN BAD ORB

Nachdem der Verkehr auf der normalspurigen Stichbahn von Bad Orb nach Wächtersbach eingestellt worden war, übernahm der Verein Dampfkleinbahn Bad Orb im Jahr 2000 die Strecke und baute sie als Schmalspurbahn in einer Spurweite von 600 mm wieder auf. Seit 2006 verkehrt auf der Strecke Dampflok „Emma" mit einem Museumszug.

Am 23. Mai 1901 eröffnete die ein Jahr zuvor gegründete Bad Orber Kleinbahn AG eine 6,5 Kilometer lange normalspurige Eisenbahnstrecke, die im Bahnhof Wächtersbach an der Hauptstrecke Frankfurt – Fulda (Kinzigtalbahn) begann und mit Steigungen von bis zu 1:30 nach Bad Orb führte. Zusammen mit

Hier schlägt das Herz des Modellbahners schneller: Das ist Zugbildung, die jede, gerade auch kleinere Anlagen schmucken würde. Lok „Emma" muss sich mitunter an Steigungen abmühen.

einigen weiteren Kleinbahnen ging die Bahn als Gelnhäuser Kreisbahn 1937 in das Eigentum des damaligen Kreises Gelnhausen über. Neben den Pendelzügen, die hauptsächlich Kurgäste nach Bad Orb beförderten, gab es zeitweilig auch von Frankfurt aus durchlaufende Züge zu einem in der Nähe gelegenen Ferienlager. Im Gegensatz zu vielen anderen Nebenstrecken florierte der Personenverkehr auch nach dem Zweiten Weltkrieg bis in die 1970er-Jahre, daher verkehrten täglich bis zu zwanzig Zugpaare auf der Strecke. Trotzdem hatte die Bahn durch den aufkommenden Individualverkehr mit einem wachsenden Defizit zu kämpfen, sodass der Rechtsnachfolger des Kreises Gelnhausen, der Main-Kinzig-Kreis, an der Einstellung des Bahnbetriebs interessiert war. Diese erfolgte, beschleunigt durch einen Unfall an einem Bahnübergang, am 4. März 1995. Versuche, den Betrieb durch einen anderen Betreiber durchführen zu lassen, waren zunächst vergeblich. Im Jahr 2000 konnte die Strecke dann von der Dampfkleinbahn Bad Orb übernommen werden, einer Gruppe von ehrenamtlich tätigen Bahnenthusiasten, die es sich zur Aufgabe gemacht haben, die Strecke Bad Orb-Wächtersbach und ihre Anlagen der Nachwelt als „lebendiges Museum" zu erhalten. In den folgenden Jahren konnten die Eisenbahnfreunde den Gleiskörper wieder aufbauen, allerdings nicht in Normalspur, sondern als Schmalspurstrecke mit einer Spurweite von 600 mm. In Etappen

Bei Lok „Emma" muss man wirklich an Michael Ende denken und dessen Figuren Lukas der Lokomotivführer sowie Jim Knopf. Endes „Emma" hat allerdings keinen Schlepptender.

Was für eine Begegnung! Welch ein Kontrast: groß und klein, neu und alt, Normalspur neben Schmalspur.

ging es 2001 bis Aumühle und ein Jahr später zum Haltepunkt Aufenauer Berg. Seit dem 29. Oktober 2006 ist wieder die Gesamtstrecke zwischen Wächtersbach und Bad Orb befahrbar. Betriebsmittelpunkt der Bahn ist der Bahnhof von Bad Orb, wo der größte Teil der Fahrzeugsammlung abgestellt ist und wo sich auch der unter Denkmalschutz stehende Lokschuppen aus dem Jahr 1901 befindet. Im Besitz der Kleinbahn befindet sich neben zwei Diesellokomotiven nur eine einzige Dampflok, die 1923 bei Hohenzollern in Düsseldorf gebaute „Emma", ein nur 55 PS starker Zweikuppler mit Schlepptender, der es auf eine Höchstgeschwindigkeit von 25 km/h bringt. Gefahren wird zwischen Wächtersbach und Bad Orb an den meisten Sonn- und Feiertagen von April bis Oktober. An diesen Tagen verkehren je Richtung zwei Züge, die von der Lok „Emma" gezogen werden. In Wächtersbach besteht jeweils Anschluss an die regulären Regionalzüge der Kinzigtalbahn. Daneben bietet der Verein auch Charterfahrten an.

www.dampfkleinbahn-orb.com

23 NASSAUISCHE TOURISTIKBAHN

Seit 2009 können die Züge der Nassauischen Touristikbahn zwischen Wiesbaden-Dotzheim und Hohenstein nicht mehr eingesetzt werden, weil durch einen LKW eine Brücke stark beschädigt wurde. Nun ist man guter Hoffnung, ab 2016 zumindest auf einem Teilstück der Strecke wieder fahren zu können.

1940 entstand im tschechischen Pilsen bei Škoda die Einheitsgüterzuglokomotive 50 1106 der damaligen Deutschen Reichsbahn. Diese Lokomotive, bei der DR der DDR-Reichsbahn rekonstruiert und als 50 3576 weiter eingesetzt, wird von der Nassauischen Touristik-Bahn e.V. auf einem Teil der sogenannten Aartalbahn, auf der bis zur Einstellung des Personenverkehrs zwischen 1983 und 1986 Bahnreisen zwischen Diez an der Lahn und Wiesbaden möglich waren, als Museumslokomotive eingesetzt. Gefahren wird dabei zwischen den Stationen Wiesbaden-Dotzheim und Hohenstein, die Reaktivierung der gesamten Aartalbahn ist aber ebenfalls ein Anliegen der Museumsbahner. Eröffnet wurde die 53,7 Kilometer lange Strecke Diez – Wiesbaden in drei Etappen von den Endpunkten aus. Am 1. Juni 1870 ging die Teilstrecke Diez – Zollhaus in Betrieb, gefolgt von einer Stichbahn Wiesbaden – Langenschwalbach (1. Mai 1889). Der Lückenschluss zwischen Langenschwalbach (heute Bad Schwalbach) und Zollhaus erfolgte am 1. Mai 1894. Bekannt wurde die Strecke zum einen wegen ihrer Steigungen von bis zu 34 Promille, die sie zu einer der steilsten im Adhäsionsbetrieb befahrenen Strecken Deutschlands machte, zum anderen aber auch durch besonders konstruierte Personenwagen, sogenannte „Langenschwalbacher", die den von Wiesbaden aus zum Heilbad Langenschwalbach reisenden Kurgästen auf der mit sehr engen Kurven trassierten Strecke eine trotzdem angenehme Reise ermöglichen sollten. Hinzu gesellte sich ab 1892 auch eine Sonderbauart der preußischen Tenderlokomotive T 9, die als „Bauart Langenschwalbach" bekannt wurde. Die Strecke war außerdem einer der Haupteinsatzorte der „Limburger Zigarre", eines Akkumulatortriebwagens im Design der frühen Bundesbahnzeit, der zum Bahnbetriebswerk Limburg/Lahn zugeordnet war (Baureihe 517). In den letzten Jahren vor Einstellung des Personenverkehrs kamen Speichertriebwagen der Reihe 515 und Dieselloks zum Einsatz. Nach dem Ende der Personenzüge gab es auf der Strecke noch auf Teilabschnitten Güterverkehr bis 1999. Bereits im Jahr der ersten

Stilllegung (Wiesbaden – Bad Schwalbach 1983) gab es Initiativen zur Reaktivierung der Strecke, drei Jahre später gründete sich die Nassauische Touristik-Bahn e.V. mit dem Ziel, auf einem Teilabschnitt einen Tourismus- und Museumsbahnbetrieb einzurichten und auch auf eine Reaktivierung der Gesamtstrecke zu drängen. Geboten wird auf der Museumsstrecke ein Fahrbetrieb im Stil einer Nebenbahn der 1950er-Jahre. Ein Jahr nach der Vereinsgründung wurde die Gesamtstrecke mit allen Bauwerken, Stellwerken und technischen Anlagen wegen der Trassierung und der sozialgeschichtlichen Bedeutung als Bäderbahn unter Denkmalschutz gestellt, somit kam der unmittelbar drohende Abbau der Gleise nicht mehr infrage. Nach und nach sammelte der Verein eine ganze Reihe historischer Fahrzeuge, darunter auch die bereits oben erwähnte Dampflok 50 3576, die im Jahr 2001 erworben werden konnte. Leider können zum Zeitpunkt der Drucklegung (April 2016) keine Fahrten auf der Museumsstrecke stattfinden, da eine im Jahr 2009 von einem LKW beschädigte Brücke noch nicht instand gesetzt worden ist. Man ist aber zuversichtlich, noch 2016 den Fahrbetrieb zumindest auf einer Teilstrecke wieder aufnehmen zu können.

www.nassauische-touristik-bahn.de

Nicht nur Lokomotiven machen Arbeit: Der Techniker Ralf Lotz befestigt am 9. August 2014 in einem alten Wagen in Wiesbaden restaurierte Zierleisten. Das sorgt für den richtigen Flair.

24 BROHLTALBAHN – DER VULKAN-EXPRESS

Die Brohltalbahn ist eine der wenigen Schmalspurbahnen Deutschlands, die noch planmäßigen Güterverkehr aufweisen. Seit 2015 kommt im Museumsverkehr die einzige erhaltene Dampflokomotive der Bahn, eine Mallet-Maschine mit der Achsfolge B´B´, wieder zum Einsatz.

Um das vom Rheintal aus in die Eifel führende Brohltal mit bedeutenden Phonolithvorkommen durch eine Eisenbahnstrecke zu erschließen, wurde im Jahr 1896 die Brohltal-Eisenbahn-Gesellschaft durch die in Köln ansässige Westdeutsche Eisenbahngesellschaft gegründet. Von Brohl am Rhein aus sollte eine knapp 24 Kilometer lange meterspurige Strecke bis nach Kempenich gebaut werden, wobei bis Engeln ein Höhenunterschied von 398 Metern (Brohl 67 m ü. NN / Engeln 465 m ü. NN) zu überwinden war. Fünf Jahre dauerte es, bis am 14. Januar 1901 die ersten 17,5 Kilometer bis zum Ort Engeln eingeweiht werden konnten. Auf diesem Streckenabschnitt war zwischen Oberzissen und Engeln ein Steilstreckenstück mit einer Steigung von 1:20 eingeplant, das durch eine Zahnstange des Systems Abt bewältigt werden sollte. Der Zahnstangenbetrieb hielt sich bis 1934, danach standen leistungsfähige Dampflokomotiven zur Verfügung, die auch im Adhäsionsbetrieb ausreichend „klettern" konnten. Bereits knapp ein Jahr nach Eröffnung des ersten Streckenstücks ging auch der Rest der Linie bis zum 2. Januar 1902 in Betrieb (Engeln-Weibern Gbf 1. Mai 1901 / Weibern Gbf – Kempenich 2. Januar1902), zwei Jahre später entstand noch eine knapp zwei Kilometer lange Anschlussstrecke zum Brohler Rheinhafen, damit konnten die Erzeugnisse der im Brohltal angesiedelten Steinbrüche direkt auf Binnenschiffe verladen werden. Die Hafenstrecke wurde in den 1930er-Jahren mit einem Dreischienengleis ausgestattet. Nach dem Ersten Weltkrieg gingen die Aktien der Gesellschaft in den Besitz der Landkreise Adenau, Ahrweiler und Mayen über. Einen Teil übernahmen auch verschiedene Industriebetriebe. 1953 erfolgte die Umwandlung in eine GmbH und der kommunale Anteil an der Gesellschaft stieg auf 75 Prozent. Bereits 1960 erfolgten erste Einschnitte beim Personenverkehr, die Züge verkehrten nur noch zwischen Brohl und Oberzissen. Ein Jahr später, am 30. September 1961, verkehrte aber auch hier der letzte planmäßige Personenzug. Der Güterverkehr blieb von Stilllegungen ebenfalls nicht verschont. Am 1. Oktober 1974 erfolgte

Am 5. Juni 2015 führte Lok 11 sm der Brohltalbahn auf ihrer Heimatstrecke einen Fotosonderzug.

die Einstellung des Schienenverkehrs zwischen Engeln und Kempenich, zwei Jahre später wurde die Strecke abgebaut. Der heute verbliebene Güterverkehr beschränkt sich auf den Transport von Phonolith, einem Rohstoff, der für die Glaserzeugung benötigt wird. Die Brohltalbahn ist damit eine von lediglich drei Schmalspurbahnen in Deutschland mit regulärem Güterverkehr. 16 Jahre nach Einstellung des Personenverkehrs wurde im März 1977 ein touristischer Eisenbahnverkehr eingerichtet. Als „Vulkan-Express" befuhren nun Personenzüge, die mit einer Diesellok bespannt waren, das malerische Brohltal. Zehn Jahre nach Einführung dieses touristischen Angebots gründete sich im Jahr 1987 die Interessengemeinschaft Brohltal-Schmalspureisenbahn (IBS) und übernahm ab 1992 den Betrieb, für die Durchführung wurde die Brohltal-Schmalspureisenbahn-Betriebs-GmbH gegründet, die auch deutschlandweit Güterverkehre durchführt. Die Bahnanlagen wurden von der Brohltal-Eisenbahn-Gesellschaft gepachtet. Nachdem bereits zwischen 1990 und 2008 zwei polnische Schlepptenderlokomotiven für Dampf im Brohltal gesorgt hatten, kann der Vulkanexpress seit dem 1. Mai 2015 wieder von einer Dampflok gezogen werden, denn die einzige erhalten gebliebene Dampflokomotive der Brohltalbahn, eine unter der Fabriknummer 346 im Jahr 1906 bei Humboldt gebaute B´B- Lokomotive mit der Bezeichnung 11sm („sm" für „schwere Mallet") kann nach umfangreicher Aufarbeitung bei der MaLoWa Bahnwerkstatt in Benndorf und Rückkehr nach Brohl im März 2015 nun vor dem Vulkanexpress eingesetzt werden. Eine weitere B´B-Maschine (Henschel 1908) ist zurzeit abgestellt. Die 11sm war wie ihre Schwestermaschinen 10sm und 12sm im Adhäsionsbetrieb bis ins Jahr 1964 auf der Brohltalbahn eingesetzt. Wenn auch die Züge des Vulkanexpress, der zwischen April und Oktober verkehrt, überwiegend von Diesellokomotiven gezogen werden, so werden doch zusätzlich zahlreiche „Dampftage" im Brohltal angeboten.

www.vulkan-express.de/fahrplan.htm

Gut besucht waren die Züge am ersten Einsatztag der 11 sm im Brohltal (4. Juni 2015).

25 KUCKUCKSBÄHNEL – INS ELMSTEINER TAL

Bereits vor mehr als 50 Jahren endete der Personenverkehr auf der Strecke von Lambrecht nach Elmstein in der Pfalz. Heute bietet die Kuckucksbähnel-Betriebs-GmbH unter Assistenz der Deutschen Gesellschaft für Eisenbahngeschichte wieder Personenzugfahrten im Elmsteiner Tal an.

Vier Jahre, von 1905 bis 1909, dauerte der Bau einer knapp 13 Kilometer langen Nebenbahn durch das Tal des Speyerbachs (Elmsteiner Tal) von Lambrecht in der Pfalz nach Elmstein. Ein Jahr zuvor war im fernen München die Genehmigung zum Bau der Bahn in der damals zum Königreich Bayern gehörenden Pfalz erteilt worden, vor allem, um das in der Gegend reichlich vorhandene Holz abtransportieren zu können. Über ein Vierteljahrhundert hatte es gedauert, bis die ersten Bemühungen ortsansässiger Unternehmer, eine bessere Verkehrsanbindung zu erhalten, von Erfolg gekrönt waren. Nach einer Probefahrt wenige Tage zuvor endete die erste offizielle Fahrt auf der neuen Strecke am 23. Januar 1909 mit einem Unfall infolge falscher Weichenstellung, bei dem leider ein Todesopfer zu beklagen war. Zum Einsatz kamen zunächst

Ausfahrt des Kuckucksbähnels aus dem Bahnhof Neustadt/Wstr. Im Hintergrund ist das Eisenbahnmuseum zu sehen.

Mit Volldampf zwischen Helmbach und Elmstein

Weihnachtliche Stimmung ist auch bei der Eisenbahn möglich ...

pfälzische Dampflokomotiven, die später von den Nebenbahnmaschinen der Reihen 91.3 und 64 abgelöst wurden. In der Zeit nach dem Zweiten Weltkrieg kamen Maschinen der Reihen 57.10 und 74 hinzu. Der Dampfbetrieb endete im Elmsteiner Tal bereits 1954, die Ablösung erfolgte durch Schienenbusse der Reihe VT 95 und kleine Diesellokomotiven der Reihen V 20 und Köf. Nur sechs Jahre währte der „verdieselte" Personenverkehr zwischen Lambrecht und Elmstein, am 29. Mai 1960 verkehrte hier der letzte Personenzug. Auch der Güterverkehr, dem die Bahn knapp 70 Jahre zuvor ihre Entstehung verdankt hatte, rechnete sich schon bald nicht mehr und so verkehrte der letzte planmäßige Güterzug auf der zum Schluss nur noch als Anschlussgleis betriebenen Bahn am 30. Juni 1976. Ein Jahr später wurde die Bahnstrecke stillgelegt.

Erfolgreicher Widerstand

Bereits Jahre zuvor hatte es Bemühungen der lokalen Politik gegeben, die Bahn musealen Zwecken zuzuführen, was aber zunächst am Verhalten der DB scheiterte. Doch die hartnäckige Verfolgung des Ziels, eine Museumsbahn auf der inzwischen in den Besitz der Verbandsgemeinde Lambrecht übergegangenen Strecke fahren zu lassen, hatte schließlich Erfolg. Nachdem der Abbau der Strecke verhindert werden konnte, wurde am 14. Februar 1984 die Kuckucksbähnel-Betriebs-GmbH gegründet, der neben regionalen Gebietskörperschaften auch Vereine und Privatpersonen angehörten. Schon im Frühsommer desselben Jahres konnte der erste Museumszug fahren, auch weil die Strecke ein Jahr zuvor für Dreharbeiten an einer Fernsehserie teilweise instand gesetzt worden war. Die Museumszüge des Kuckucksbähnels beginnen in Neustadt an der Weinstraße, wo die Fahrzeuge durch die Deutsche Gesellschaft für Eisenbahngeschichte im dortigen Eisenbahnmuseum unterhalten werden, und befahren zunächst für sieben Kilometer die Hauptstrecke von Mannheim nach Saarbrücken, bevor die Züge hinter dem Bahnhof Lambrecht nach Süden ins Tal des Speyerbaches abbiegen. Zum Einsatz kommen die 1904 gebaute Schlepptenderlok „Speyerbach“, eine ehemalige Industrielok, und die von der Achertalbahn stammende 89 7159, bei der es sich um ein aus dem Jahr 1910 stammendes Exemplar der einst zahlreich in Deutschland vertretenen preußischen Gattung T 3 handelt. Diese Lok kommt wegen der starken Steigungen auf der Strecke häufig als Schublok zum Einsatz. Gefahren wird an verschiedenen Wochenenden und Feiertagen von Mai bis Oktober, in den Monaten November und Dezember werden zusätzlich sogenannte „Nikolausfahrten“ angeboten.

www.eisenbahnmuseum-neustadt.de/kuckuck.html

EINGESETZTE DAMPFLOKOMOTIVEN

Lok	Baujahr	Achsfolge	Hersteller	Bemerkung
Speyerbach	1904	C	Humboldt	
89 7159	1910	C	Henschel	pr. T 3

Kurz vor Elmstein mit der Gastlok „Waldbröl“ des Eisenbahnmuseum Dieringhausen

26 MUSEUMS-EISENBAHN-CLUB LOSHEIM AM SEE

Vor über 30 Jahren fanden einige Modelleisenbahner keine geeigneten Räume für ihr Hobby und beschlossen daraufhin, sich mit der ehemaligen Merzig-Büschfelder-Eisenbahn zu befassen. Daraus ist eine respektable Museumsbahn geworden.

Auf 15 Kilometern der ehemaligen Merzig-Büschfelder-Eisenbahn bietet seit dem 12. Juni 1982 der Museums-Eisenbahn-Club Losheim am See mit dampfbetriebenen Zügen Museumsbahnverkehr an. Die ehemalige Merzig-Büschfelder-Eisenbahn (MBE) wurde von der am 27. September 1901 gegründeten Kleinbahn Merzig-Büschfeld GmbH eröffnet. Die Strecke führte von Merzig an der Hauptbahn Trier – Saarbrücken über Losheim nach Büschfeld an der Strecke Nonnweiler – Neunkirchen. Die 22,5 Kilometer lange Normalspurstrecke konnte 1903 in Betrieb gehen. Nicht einmal 60 Jahre später wurde der Personenverkehr zwischen Losheim und Büschfeld jedoch wieder eingestellt, am 26. Mai 1962 fuhr auch der letzte Personenzug auf dem Reststück. Der Güterverkehr war auf dem nahezu drei Kilometer langen Abschnitt zwischen Nunkirchen und Büschfeld bereits 1960 aufgegeben worden. 1981 begannen

Im August 2015 feierte man ein Dampflokfest. Bei dieser Gelegenheit entstanden die Aufnahmen auf dieser und der folgenden Seite. Der frisch wieder in Betrieb genommene D-Kuppler 34 legt sich ins Zeug.

die bereits erwähnten Modelleisenbahner sich mit der „großen" Eisenbahn zu befassen. Unter anderem konnte das ehemalige Bahnhofsgebäude in Brotdorf als Vereinsheim hergerichtet werden. Zwar war inzwischen auch ein ehemaliger Zugbegleitwagen im Besitz des Vereins, eine originale Dampflokomotive aus den Zeiten der MBE war aber nicht zu beschaffen. Ersatz fand sich in Luxemburg, wo ein Eisenbahnverein zwar eine Lok, aber keine Strecke besaß. Nach Überführung und Prüfung von Lok und Strecke konnte am 12. Juni 1982, 20 Jahre nach Einstellung des Personenverkehrs, erstmals wieder ein Personenzug auf der Strecke beobachtet werden. An diesem Tag verkehrte der Museumszug zwischen Merzig-Ost und Wadern-Nunkirchen. Heute beginnen die etwa zweistündigen Museumsbahnfahrten in Losheim und führen zunächst nach Merzig-Ost. Von dort befährt der bewirtschaftete Zug die Gesamtstrecke über Losheim bis nach Dellborner Mühle, wo die Museumsstrecke endet. Nach dem Umsetzen der Lok geht es zurück nach Losheim. An den Fahrtagen, die zwischen April und Oktober stattfinden, wird dreimal ab Losheim gefahren. Hinzu kommen Sonderfahrten im November und Dezember.

www.museumsbahn-losheim.de

EINGESETZTE DAMPFLOKOMOTIVEN

Lok	Baujahr	Achsfolge	Hersteller	Bemerkung
26/ Merzig	1937	C	Henschel	Fabriknr. 23701
34/ Losheim	1948	D	Henschel	Fabriknr. 29892

Ein Fest fürs Auge ist dieser Dampfzug mit Doppeltraktion.

27 MUSEUMSBAHNVERKEHR RUND UM STUTTGART

Drei Strecken gehören zum regelmäßigen Einsatzgebiet der Fahrzeuge der „Gesellschaft zur Erhaltung von Schienenfahrzeugen": Strohgäu-, Täles- und Schönbuchbahn. Die Lokomotiven sind gelegentlich auf anderen Strecken als Gast unterwegs.

Am 14. August 1906 wurde zwischen Korntal im Nordwesten der baden-württembergischen Hauptstadt Stuttgart und Weissach die gut 22 Kilometer lange „Strohgäubahn" eröffnet, die ihren Namen vom Strohgäu ableitet, einer stark landwirtschaftlich geprägten Region des Neckarbeckens. Trotz der Nähe zum Großraum Stuttgart litt die Stichstrecke nach dem Zweiten Weltkrieg unter der Konkurrenz paralleler Busverkehre, daher wurde der Personenverkehr Ende der 1970er-Jahre auf vier Zugpaare täglich reduziert. Mit dem Einsatz damals moderner Triebwagen und der Einbindung der Strecke in den Verkehrs- und Tarifverbund Stuttgart ging es in den 1980er-Jahren wieder bergauf. Inzwischen verkehren die eingesetzten Regioshuttle-Triebwagen der WEG (Württembergische Eisenbahn-Gesellschaft) werktags im Halbstundentakt zwischen 5.30 Uhr und 23 Uhr. Dampflokomotiven kommen durch die in Stuttgart ansässige Gesellschaft zur Erhaltung von Schienenfahrzeugen (GES) auf die Strecke. Dampf gibt es auf

Während das vordere Gleis im Bahnhof Neuffen den planmäßigen Regionalbahnzügen vorbehalten ist, sind auf dem hinteren Gleis Fahrzeuge der GES abgestellt (31. März 2010).

der ebenfalls von der GES außerhalb des Planbetriebs befahrenen Tälesbahn zwischen Nürtingen und Neuffen zu sehen. Die knapp neun Kilometer lange Nebenbahn zweigt in Nürtingen von der Strecke Tübingen – Plochingen ab. Die auf dieser Strecke verkehrenden Dampfzüge laufen unter dem Namen „Sofazügle", Zuglok ist neben Gastlokomotiven eine 1905 gebaute T 3 (89 363), die als einzige betriebsfähige Lokomotive der ehemaligen Königlich Württembergischen Staatseisenbahn gilt. Eingesetzt wird aber auch der sogenannte Hohenzollernzug, ein technisches Kulturdenkmal des Landes Baden-Württemberg, bestehend aus den Lokomotiven 11 (Maschinenfabrik Esslingen 1911) und 16 (AEG 1928) und einer Reihe von Personenwagen der Hohenzollerischen Kleinbahn Gesellschaft (später Hohenzollerische Landesbahn). Gefahren wird an mehreren Tagen zwischen Juni und Oktober sowie einmal im Dezember.

Dritte Strecke im Bunde ist die 1996 für den öffentlichen Personenverkehr reaktivierte Schönbuchbahn Böblingen – Dettenhausen. Fahrzeiten findet man auf den Internetseiten der beiden anderen Strecken.

Der Verein GES wurde im Jahr 1965 gegründet und beschäftigte sich zunächst mit der Erhaltung eines historischen Straßenbahnwagens der ehemaligen Filderbahn. Daneben gab es aber auch in den Anfangsjahren schon Mitglieder, die sich eher für die „richtige" Eisenbahn interessierten, sodass die Straßenbahnfreunde später aus dem Verein ausschieden und einen eigenen Verein gründeten. In diesen Jahren konnte die GES die bereits erwähnten Lokomotiven 11 und 16 erwerben und auf verschiedenen Nebenstrecken Württembergs Dampfzugfahrten anbieten. Während der Zeit des Dampflokverbots auf DB-Strecken verlagerte man die Fahrten des „Feurigen Elias" und des „Sofazügles" auf die Strohgäu- und Tälesbahn, wo sie heute noch eingesetzt werden, der „Feurige Elias" kommt allerdings auch auf anderen ausgewählten Strecken zum Einsatz. Die ebenfalls von der GES erworbenen Dampflokomotiven 50 3636, 86 348, 64 094 und Lok 6 sind derzeit (2015) nicht betriebsbereit.

www.ges-ev.de/bahnstrecken/strohgaeubahn.htm
www.ges-ev.de/bahnstrecken/taelesbahn.htm

EINGESETZTE DAMPFLOKOMOTIVEN

Lok	Baujahr	Achsfolge	Hersteller	Bemerkung
89 363	1905	C	MGH	Fabriknr. 455
11	1911	D	ME	Fabriknr. 3630
92 442/16	1928	D	AEG	Fabriknr. 4230

28 HÄRTSFELDBAHN – BAHN IM AUFBAU

13 Jahre nach Einstellung des Schienenverkehrs auf der über 55 Kilometer langen Härtsfeldbahn von Aalen nach Dillingen/Donau wurde der Verein Härtsfeld-Museumsbahn e. V. gegründet, der heute auf einem Teil der ehemaligen Schmalspurbahn zwischen Neresheim und Sägmühle Museumsverkehr anbietet. Wenn die 2015 begonnen Arbeiten an dem anschließenden Streckenstück bis Katzenstein beendet sind, können insgesamt fast sechs Kilometer wieder befahren werden.

Nur fünfzehn Monate dauerten zu Beginn des 20. Jahrhunderts die Bauarbeiten am ersten Teilstück der später 55,49 Kilometer langen schmalspurigen Härtsfeldbahn, die nach endgültiger Fertigstellung Aalen in Baden-Württemberg mit Dillingen/Donau in Bayern verband. Über 10 Jahre hatten die Bemühungen eines lokalen Eisenbahnkomitees gedauert, bis schließlich am 31. Oktober 1901 die ersten planmäßigen Züge auf der meterspurigen Strecke von

An einem heißen Augusttag ist die 1913 gebaute Nr. 12 bei Neresheim unterwegs.

Aalen über Neresheim nach Ballmertshofen (km 38,95) in der Nähe der bayerischen Grenze fuhren. Von Anfang hatte der Betreiber, die Westdeutsche Eisenbahn-Gesellschaft (ab 1910: Württembergische Nebenbahnen AG), die Weiterführung ins bayerische Dillingen vorgesehen. Genehmigungsprobleme und Streitigkeiten über den Endpunkt der Strecke verzögerten die Ausführung aber bis ins Jahr 1906. Am 3. April dieses Jahres endlich konnten die Züge auch die restlichen 15 Kilometer von der Landesgrenze bis zur Donau befahren. Betrieblich aber war die Strecke weiterhin geteilt. Die Züge verkehrten zwischen Aalen und dem einstigen Endpunkt Ballmertshofen, zusätzlich wurden Züge zwischen Neresheim und Dillingen eingesetzt. Hier kamen wegen der anspruchsloseren Topographie zunächst einfache Kastenlokomotiven zum Einsatz, während auf dem westlichen Streckenabschnitt schwerere Mallet-Lokomotiven nötig waren. Die Kastenlokomotiven wurden 1913 durch zwei Tenderlokomotiven der Maschinenfabrik Esslingen (Lok 11 und 12) ersetzt, eine der Mallet-Lokomotiven (Lok 3), die im Ersten Weltkrieg verloren gegangen war, wurde 1920 durch eine Heeresfeldbahnlokomotive ersetzt. Das auf dem Höhepunkt der Wirtschaftskrise im Jahr 1932 der Bahn wegen rückläufiger Frachtmengen und Fahrgastzahlen drohende Aus konnte durch eine staatliche Finanzspritze verhindert werden, auch in den frühen Jahren der jun-

Dieses Schild zeugt vom Stolz auf das Werk der Arbeit.

Der Zug passiert im August 2014, die Lok ist zu diesem Zeitpunkt stolze 101 Jahre alt, die Abtei Neresheim. Das Kloster sitzt auf dem Ulrichsberg. Von dort überblickt man das Härtsfeld.

gen Bundesrepublik war eine staatliche Intervention nötig, um die Bahn, die durch die Inflation alle Rücklagen verloren hatte, noch einmal zu retten. Ein Gutachten hatte festgestellt, dass Rationalisierungsmaßnahmen einen Weiterbetrieb der schmalspurigen Strecke rechtfertigen würden. Aus diesem Grund beschaffte die Württembergische Nebenbahnen AG zwei Dieseltriebwagen der Firma Fuchs in Heidelberg (T 30 und T 31), aus dem Raum Bremen stießen zwei weitere gebrauchte Fahrzeuge hinzu (T 32 und T 33). T 30 und T 31 verunglückten 1964 und wurden durch einen gebrauchten MAN-Schienenbus ersetzt. Die Fahrgastzahlen stiegen ab 1956 zunächst auch an, sanken aber in den 1960er-Jahren wieder ab, ebenso wie die Menge der beförderten Güter. Wieder mussten die kommunalen Gebietskörperschaften einspringen, um den Weiterbetrieb zu ermöglichen. Auf Dauer war dies ein unhaltbarer Zustand und so erfolgte die Einstellung des Personenverkehrs am 30. September 1972, der Güterverkehr hielt sich noch zwei Monate länger und in den Folgejahren wurde die Strecke abgebaut. Gut zehn Jahre später wurde am 23. Januar 1985 der Verein Härtsfeld-Museumsbahn e.V. gegründet mit dem Ziel, Teile der

Härtsfeldbahn museal zu reaktivieren. Ein zunächst ins Auge gefasster Wiederaufbau des topographisch schwierigen Albaufstiegs zwischen Aalen und Ebnat konnte nicht realisiert werden und so konzentrierte sich der Verein auf die Strecke östlich von Neresheim. Hier konnte in den Jahren von 1996 bis 2001 ein knapp drei Kilometer langer Streckenabschnitt bis Sägmühle wieder aufgebaut werden, auf dem von Mai bis Oktober und einmalig im Dezember mit Dampfzügen und Dieseltriebwagen gefahren wird. Dabei kommt die ehemalige Lok 12 der Härtsfeldbahn zum Einsatz. Die Schwestermaschine Lok 11 ist zwar aufgearbeitet worden, aber derzeit (Frühjahr 2016) nicht fahrbereit. In Zukunft soll in zwei weiteren Bauabschnitten die Strecke bis zum ehemaligen Bahnhof Dischingen (7,9 Kilometer von Neresheim entfernt) ebenfalls wieder aufgebaut werden. Seit August 2015 laufen die Arbeiten zwischen Sägmühle und Katzenstein. Finanzielle Hilfe erhält die Museumsbahn durch Fördermittel der EU, Landesmittel des Landes Baden-Württemberg und kommunale Zuschüsse. Der verbleibende Bedarf muss selbst erwirtschaftet werden.

www.hmb-ev.de

Unterwegs auf dem sogenannten Klosteracker: Die Lok fand mit diesem Bus-Oldtimer einen wirklich charmanten Begleiter.

29 ALBBÄHNLE (AMSTETTEN – OPPINGEN)

Von den ehemals fast 19 Kilometern der Schmalspurbahn Laichingen – Amstetten sind 13 Kilometer abgebaut. Auf den restlichen 5,73 Kilometern führen die Ulmer Eisenbahnfreunde mit Lok 99 7203 und Dieselfahrzeugen Museumsverkehr durch.

Seit 1888 stritt man auf der Schwäbischen Alb über die Linienführung einer Nebenbahn, die die Orte Laichingen, Merklingen und Nellingen an die Hauptbahn von Stuttgart nach Ulm anschließen sollte. Es dauerte aber noch 12 Jahre, bis schließlich Einigkeit über den Verlauf der Strecke erzielt worden war. Die Königlich Württembergische Staatsbahn war wegen geringer Renatbilitätsprognosen nicht bereit, den Bau zu übernehmen, so dass die 1899 entstandene Württembergische Eisenbahn-Gesellschaft (WEG) einsprang und im selben Jahr die Konzessionierung der Strecke erreichen konnte. Die in Meterspur errichtete 18,96 Kilometer lange Strecke nahm ihren Anfang in Amstetten und führte, den ursprünglichen Intentionen folgend, über Oppingen, Nellingen und Merklingen nach Laichingen. Sie erreichte dabei eine maximale Steigung

99 7203 überwindet mit kräftigen Schläfen und entsprechender Rauchentwicklung die Steigung zwischen Amstetten und Oppingen.

von 1:35 und war damit steiler als die benachbarte Geislinger Steige an der Hauptstrecke (Neigung 1:43). Die Eröffnung der Linie erfolgte bereits ein Jahr nach Baubeginn am 20. Oktober 1901. Dampfbetrieb gab es auf der Strecke bis Mitte der 1950er-Jahre, als man begann, wirtschaftlichere Dieseltriebwagen einzusetzen. Aber auch der Ersatz der Dampflokomotiven konnte langfristig den Betrieb der Bahn nicht sicherstellen, obwohl parallel weitere Rationalisierungsmaßnahmen ergriffen worden waren. Der Schienenverkehr konnte sich nur noch bis Mitte der 1980er-Jahre halten. Innerhalb von zwei Wochen endeten damals sowohl Personen- (31. August 1985) als auch Güterverkehr (14. September 1985) auf der letzten öffentlich betriebenen schmalspurigen Eisenbahn mit Personen- und Güterverkehr neben den Inselbahnen. Heute ist bis auf ein bald sechs Kilometer langes Reststück zwischen Amstetten und Oppingen die gesamte Strecke abgebaut.

Zwei Dampflokomotiven, aber nur eine fährt

Auf diesem Teilstück führen die Ulmer Eisenbahnfreunde seit 1990 regelmäßig Museumsbahnverkehr mit Dampf- und Dieselzügen durch. Beim „Albbähnle“, wie die Bahn auch genannt wird, sind zwei Dampflokomotiven vorhanden. Lok 2s – ein der preußischen T 3 ähnelnder Dreiachser – war früher auch auf der Strecke Laichingen – Amstetten eingesetzt und ist 1901 bei Borsig in Berlin gebaut worden. Seit 1964 stand die Maschine in Laichingen als Denkmal, ab 1977 gehörte sie dann einem privaten Fahrzeugmuseum. Erst im Jahr 1992 gelang es, die Lokomotive wieder in ihre alte Heimat zurückzuholen. Um die nicht fahrfähige Lok wieder auf ihrer Stammstrecke einsetzen zu können, fehlen den Ulmer Eisenbahnfreunden die finanziellen Mittel, daher ist die Maschine derzeit abgestellt. Im Einsatz ist an Fahrtagen dagegen Lok 99 7203, eine badische Dampflokomotive ähnlicher Bauart, die früher zwischen Mosbach und Mudau dampfte. Sie gehört zu einer Serie von vier Lokomotiven, die ebenfalls von Borsig in Berlin stammten und 1904 gebaut wurden. Als Leihgabe der Albtal-Verkehrs-Gesellschaft war die Lok im Schmalspurmuseum Viernheim der Deutschen Gesellschaft für Eisenbahngeschichte untergestellt, bevor sie – ebenfalls als Leihgabe – im Jahr 1986 den Ulmer Eisenbahnfreunden für den Betrieb auf der Strecke Amstetten – Oppingen überlassen wurde. Dort ist sie nun seit einem Vierteljahrhundert im Einsatz. Mit dieser Lok verkehren die Museumszüge an ein bis zwei Tagen in den Monaten von Mai bis Oktober, ergänzt durch sogenannte „Nikolausfahrten“ in der ersten Dezemberwoche. Angeboten werden an diesen Tagen jeweils vier Zugpaare.

www.albbaehnle.de

30 LOKALBAHN AMSTETTEN – GERSTETTEN

Mitte der 1990er-Jahre stand das Aus für die Strecke Amstetten – Gerstetten fest und der Abbau der Gleise drohte. In dieser Situation gelang es den an der Strecke liegenden Gemeinden, die Bahnflächen und Hochbauten von der Württembergischen Eisenbahn Gesellschaft zu erwerben. Unterhalten werden die Bahnanlagen von den Ulmer Eisenbahnfreunden, die auch für die Durchführung von Museumsbahnverkehr mit historischen Fahrzeugen verantwortlich sind.

Als im heutigen Baden-Württemberg die Filstalbahn von Stuttgart nach Ulm (1850) und die Brenzbahn von Aalen ebenfalls nach Ulm (1876) in Betrieb gegangen waren, geriet der zwischen beiden Hauptbahnen auf der Schwäbischen Alb gelegene Ort Gerstetten ins wirtschaftliche Abseits. Gegen Ende des 19. Jahrhunderts bildete sich deshalb ein Bürgerverein, der sich für den Bau einer Bahn-

75 1118 am Bahnhof Gerstetten, der auch ein Eisenbahnmuseum beherbergt. Gerade bei Sonderfahrten treffen sich hier viele Bahnfreunde.

Ein Bild wie aus einer anderen Zeit, Nikolausfahrt zwischen Amstetten und Gerstetten

strecke als Querspange zwischen beiden Hauptstrecken einsetzte, die über Gerstetten verlaufen sollte. Mit der Württembergischen Eisenbahngesellschaft wurde man sich im Jahr 1903 schließlich einig über den Bau einer normalspurigen Nebenbahn, die in Amstetten an die Filstalbahn anschließen sollte. Trotz intensiver Bemühungen war es aber nicht gelungen, den Ort Gerstetten auch mit der Brenztalbahn in Herbrechtingen zu verbinden, sodass nur eine fast 20 Kilometer lange Stichstrecke realisiert wurde, deren Eröffnung am 1. Juli 1906 gefeiert wurde. Fünf Jahrzehnte lang beherrschten Dampflokomotiven den Verkehr zwischen Amstetten und Gerstetten, bevor 1956 die Ablösung in Form des Dieseltriebwagens T05 erfolgte. Der Wegfall von Steuerermäßigungen und Subventionen ließ im letzten Jahrzehnt des 20. Jahrhunderts den Betrieb auf der Bahn zunehmend unwirtschaftlich werden, daher stand im Juli 1996 das Aus für den Personenverkehr auf der Zweigstrecke fest. In der Folge drohte sogar die Stilllegung und der Abbau der Strecke. Dass es nicht dazu kam, ist den Anrainerkommunen und dem Verein Ulmer Eisenbahnfreunde e.V. (UEF) zu verdanken. Nach Verhandlungen mit der Württembergischen Eisenbahngesellschaft konnten die Kommunen sowohl Bahnflächen als auch Hochbauten erwerben, während die eigentliche Bahnstrecke von den Eisenbahnfreunden übernommen wurde. Dieses Modell konnte nur realisiert werden, weil die Eisenbahnenthusiasten aus Ulm sich verpflichteten, den Erhalt der Trasse sicherzustellen. 1999 wurde als eine von vier verschiedenen Sektionen der UEF der Verein UEF Lo-

kalbahn Amstetten-Gerstetten gegründet, der diese Aufgabe und auch den Betrieb mit historischen Fahrzeugen übernommen hat. Die Fahrten auf der Strecke werden meist mit einem dem T05 von 1956 baugleichen Fahrzeug mit der Nummer T06 durchgeführt, an einem Fahrtag pro Monat zwischen Mai und Oktober wird aber auch mit Dampf gefahren. Zusätzlich werden sogenannte Nikolausfahrten mit der Dampflok angeboten. Zwei Dampflokomotiven sind vorhanden, von denen aber nur eine einsatzfähig ist. Abgestellt ist die Lok 98 812, eine bayerische GtL 4/4 aus dem Jahr 1914. Als 98 812 im Jahr 2014 100 Jahre alt wurde, beschloss man die Instandsetzung, für die aber noch finanzielle Mittel in Form von Spenden benötigt werden. Zweite im Bunde und auch betriebsbereit ist 75 1118, eine Lok des badischen Typs VIc, 1921 von der Maschinenbaugesellschaft Karlsruhe gebaut. Mit ihrem Treib- und Kuppelradmesser von 1600 mm und einer Leistung von 790 PS ist sie bis zu 90 km/h schnell. Im Jahr 1967 schied 75 1118 aus dem Bestand der Bundesbahn aus und gelangte zur Technischen Hochschule Karlsruhe, die die Lok im Eisenbahnmuseum Neustadt/Weinstraße unterbrachte und diese später den Ulmer Eisenbahnfreunden zur Verfügung stellte. Seit 1988 ist die Lokomotive vor historischen Zügen eingesetzt, darf auf Gleisen der DB AG fahren und zieht heute als letztes betriebsfähiges Exemplar der badischen Reihe VIc die Dampfzüge auf der Strecke Amstetten-Gerstetten.

www.uef-lokalbahn.de

31 SCHWÄBISCHE WALDBAHN

Im März 2000 wurde der Förderverein Welzheimer Bahn e.V. gegründet, der den damals nicht mehr bedienten Streckenteil von Oberndorf nach Welzheim der Wieslauftalbahn wieder aufbauen wollte. Mit kommunaler Unterstützung gelang es zwischen 2007 und 2010, die Strecke wieder herzurichten.

Ende des 19. Jahrhunderts bemühte sich die Stadt Welzheim wie viele andere Kommunen in der Blütezeit der Eisenbahn um einen Bahnanschluss. Mehrere Vorschläge lagen vor, darunter auch eine Linienführung durch das Wieslauftal, um in Schorndorf Anschluss an die Hauptstrecke von Stuttgart nach Aalen zu erhalten. Nachdem sich weitere Gemeinden mit eigenen Vorschlägen für verschiedene Linienführungen eingemischt hatten, bestimmte die Königlich Württembergische Regierung im Jahr 1905 per Gesetz, dass die Bahn durch das Wieslauftal in einer Spurweite von 750 mm zu bauen sei, wegen der großen Steigung von 25 Promille auf einem Teilstück sogar mit Zahnstangenbetrieb. Diese Pläne kamen aber so nicht zur Ausführung, letztlich sollte doch eine Strecke mit normaler Spurweite geplant und gebaut werden. Am 27. November 1908 konnte das erste Teilstück bis Rudersberg eröffnet werden, der steilere Streckenabschnitt bis Welzheim folgte erst am 24. November 1911. Die Steilstrecke fiel dann auch als erste den Rationalisierungsmaßnahmen der DB zum Opfer: Im Jahr 1980 endete der Reisezugverkehr zwischen Welzheim und Rudersberg, acht Jahre später machte ein Erdrutsch in diesem Bereich allen Zugfahrten ein Ende. Obwohl die Wieslauftalbahn unter Denkmalschutz steht, sollte sie Mitte der 1980er-Jahre auf Busbetrieb umgestellt werden, ein Gutachten bescheinigte der

Auf winterlicher Fahrt wird der Igelsbach-Viadukt knapp vor Klaffenbach-Althütte passiert.

Strecke aber ein erhebliches Nachfragepotenzial, sodass man sich nach Beschaffung moderner Fahrzeuge vom 1. Januar 1995 an über 4000 Fahrgäste am Tag freuen konnte. Drei Jahre später signalisierte der Gemeinderat der Stadt Welzheim seine Bereitschaft der Unterstützung einer Touristikbahn auf dem nicht mehr befahrenen Streckenstück zwischen Oberndorf und Welzheim. Daraufhin gründete sich im März 2000 der Förderverein Welzheimer Bahn e.V., der inzwischen über 200 Mitglieder hat. Daneben wurde im selben Jahr zur Abwicklung aller für die Reaktivierung notwendigen Rechtsgeschäfte die Schwäbische Waldbahn GmbH gegründet. Gesellschafter wurden der Förderverein und die Stadt Welzheim. In der beeindruckenden Zeit von nur drei Jahren wurde die Museumsstrecke nach Welzheim zwischen 2007 und 2010 für den Tourismusverkehr wiederhergestellt. Da nicht einfach der ehemalige Zustand wiederhergestellt werden durfte, sondern nach neustem Standard gebaut werden musste, waren die Kosten für die Reaktivierung beachtlich. Am 8. Mai 2010 konnte grünes Licht für die erste Zugfahrt auf der Museumsstrecke gegeben werden. Von Schorndorf aus dampfte der Eröffnungszug mit einer ehemaligen DB-Lok der Reihe 50 in Richtung Welzheim. Da auf der Strecke sowohl mit Dampf- als auch mit Diesellokomotiven gefahren wird, ist ein Blick auf den Fahrplan der Museumsstrecke angeraten. Im Jahr 2015 wird zwischen Mai und Dezember in der Regel zwei-bis dreimal pro Monat mit einer Dampflok gefahren, im November bietet der Verein nur einen einzigen Dampftag an. Zum Einsatz kommt eine Personenzugtenderlok der ehemaligen DB-Baureihe 64 (64 419), die von der DBK (Dampfbahn Kochertal) Historische Bahn in Crailsheim gestellt wird. Eine drohende Streckensperrung, die 2015 wegen angeblich mangelnder Tragfähigkeit eines Viadukts der Strecke drohte, konnte glücklicherweise durch ein entsprechendes Gutachten abgewendet werden, daher fahren die beliebten Museumszüge weiterhin.

www.schwaebische-waldbahn.de

32 DAS ÖCHSLE

Am nördlichen Ortsrand von Biberach liegt an der Hauptstrecke Ulm – Aulendorf die kleine Ortschaft Warthausen. Von hier aus verkehrt vorwiegend im Sommerhalbjahr eine Museumsbahn in das 19 Kilometer entfernte Ochsenhausen, die im Volksmund schon lange den Spitznamen „Öchsle“ trägt.

Ursprünglich führte die in 750 mm Spurweite angelegte und insgesamt 22 Kilometer lange Bahnlinie bis nach Biberach und musste dazu die Staatsbahnstrecke in Warthausen niveaugleich kreuzen. In der Planungsphase der Strecke um das Jahr 1879 war zunächst eine durchgehende Verbindung bis Memmingen gewünscht worden, nachdem diese Idee vom Tisch war, sollte die Stichbahn normalspurig angelegt werden. Genehmigt wurde aber nur eine Schmalspurbahn, die zunächst nur zwischen Warthausen und Ochsenhausen eröffnet wurde (29. November 1899). Knapp ein Jahr später konnte die Einweihung des Reststücks bis Biberach gefeiert werden (19. November 1900). Bis in die 1960er-Jahre hinein wurde der Fahrbetrieb mit Dampflokomotiven durchgeführt, zunächst mit Maschinen des württembergischen Typs Tssd, später kamen auch sächsische Maschinen der Reihe IV K zum Einsatz. In den 1950er-Jahren erfolgten erste Rationalisierungsmaßnahmen. Am 31. Mai 1964 kam das Aus für den Personenverkehr und zeitgleich wurde das Streckenstück Biberach – Warthausen aufgegeben. Obwohl mit dem Einsatz von Diesellokomotiven der Betrieb weiter rationalisiert wurde, führte die marode Infrastruktur am 31. März 1983 auch zur Einstellung des Güterverkehrs. Der Initiative des Vereins Öchsle Schmalspurbahn e.V. war es zu verdanken, dass die Strecke zwischen Warthausen und Ochsenhausen nicht abgebaut wurde, sondern in kommunales Eigentum überging. Nach Ankauf von rollendem Material im

EINGESETZTE DAMPFLOKOMOTIVEN

Lok	Baujahr	Achsfolge	Hersteller	Bemerkung
99 716	1927	E	Hartmann	Sächsische VI K
99 788	1957	1`E 1`	Babelsberg	DR-Baureihe 99.77–79
99 633	1899	B `B`	ME	Württemb. Tssd (Mallet)

Ausland konnte im Jahr 1985 sogar der Museumsbahnbetrieb mit einer Diesellok aufgenommen werden. Nach zweimaliger vorübergehender Einstellung des Museumsverkehrs fahren die Züge seit dem 1. Mai 2002 unter der Regie der Öchsle Bahn AG wieder regelmäßig, überwiegend in den Sommermonaten. Drei Dampflokomotiven sind vor Ort vorhanden, 99 716, 99 788 und 99 633, wobei die letztgenannte im November 2014 nach einer Wiederaufarbeitung in Jenbach/Tirol erste Probefahrten absolvierte und am 27. März 2015 nach Oberschwaben zurückkehrte. Nach 25 Jahren dampfte die Lok am 25. April 2015 erstmals wieder auf ihrer Heimatstrecke. Sie war bereits bei der Eröffnung der Strecke im Jahr 1899 dabei und ist die letzte betriebsfähige Lok der ehemaligen Königlich Württembergischen Schmalspurdampfloks. An Fahrtagen, deren Termine von Jahr zu Jahr wechseln, verkehren zwischen Warthausen und Ochsenhausen jeweils zwei Züge in jeder Richtung.

www.oechsle-bahn.de

Am 9. Juli 2015 befördert Lok 99 788 ihren Museumszug bei Maselheim in Richtung Ochsenhausen.

In Reinstetten überquert 99 788 auf der Fahrt nach Ochsenhausen die Dorfstraße (9. Juli 2015).

33 KANDERTALBAHN HALTINGEN – KANDERN

Der Zweckverband Kandertalbahn als Infrastrukturbetreiber und der Verein Kandertalbahn e. V. führen auf der Mitte der 1980er-Jahre aufgegebenen Kandertalbahn Museumsbahnverkehr durch. Die eingesetzten Dampflokomotiven stammen aus Deutschland, Österreich und der Schweiz.

Von Haltingen im äußersten Südwesten Deutschlands an der Grenze zur Schweiz führte seit 1895 eine fast 13 Kilometer lange normalspurige Nebenbahn über Wollbach nach Kandern im südlichen Schwarzwald. Die 1963 von der Südwestdeutschen Verkehrs Ag (SWEG) übernommene Strecke wurde in mehreren Etappen stillgelegt, bevor unter der Regie eines Museumsbahnvereins wieder Züge auf die Schienen gelangten. Nach einem Erdrutsch endete am 4. Juli 1983 der Gesamtverkehr zwischen Wollbach und dem Endpunkt Kandern, wenn auch die offizielle Stilllegung des Personenverkehrs erst zum Jahresende erfolgte. Zwei Jahre später, am 1. April 1985, wurde der Güterverkehr zwischen Haltingen und Wollbach eingestellt, kurz darauf folgte die Stilllegung. Da der Verein Eurovapor auf der Kandertalbahn schon seit 1968 mit Fahrzeugen der SWEG Museumsbahnverkehr durchgeführt hatte, konnten schon im Folgejahr wieder Museumszüge auf der Strecke verkehren. Die Streckeninfrastruktur war inzwischen vom Zweckverband Kandertalbahn übernommen worden, die eingesetzten Fahrzeuge befinden sich mittlerweile im Eigentum des Vereins Kandertalbahn e. V. Hierbei handelt es sich neben diversen Dieselfahrzeugen um vier Dampflokomotiven, die teilweise früher auch auf dieser Strecke im Einsatz waren. Lok 30, ein Dreiachser des ehemaligen preußischen Typs T 3, der 1904 bei Borsig in Berlin entstanden und ursprüng-

EINGESETZTE DAMPFLOKOMOTIVEN

Lok	Baujahr	Achsfolge	Hersteller	Bemerkung
30	1904	C	Borsig	pr. T 3, Fabriknr. 5528
7	1907	B	Borsig	Fabriknr. 5331
378.78	1927	1`D 1`	StEG Wien	Fabriknr. 4787
Tigerli	1915	C	SLM, Winterthur	Fabriknr. Lok 2544, Kessel 3403

lich für die Nebenbahn Biberach-Oberharmersbach beschafft worden war und zeitweise ebenso zwischen Neckarbischofsheim und Hüffenhardt Dienst tat, beförderte zwischen 1955 und 1966 die Züge nach Kandern, während der drei Jahre jüngere Zweikuppler Lok 7 zwischen 1907 und 1937 im Kandertal eingesetzt war. Auch diese Lok stammt von Borsig in Berlin und war von Anfang an für die Kandertalbahn gebaut worden. Lok Nummer 30 befindet sich allerdings seit 2015 in Aufarbeitung, wobei Teile des Kessels ersetzt werden müssen. Die beiden anderen Maschinen sind „Ausländer“: Lok 378.78 mit der Achsfolge 1`D 1` stammt aus Österreich und war seit 1990 als 93 1378 bei Eurovapor im Wutachtal im Einsatz, bevor sie 1999 zur Kandertalbahn gelangte und nach Aufarbeitung hier die Nummer 378.78 erhielt. Vierte im Bunde ist die Schweizer „Tigerli“, ein Dreikuppler mit Nassdampftriebwerk, der 1916 in Winterthur gebaut wurde. Die Maschine ist nach der Außerdienststellung Mitte der 1960er-Jahre bereits seit 1973 auf der Kandertalbahn im Einsatz. Gefahren wird im Kandertal an jedem Sonntag zwischen Mai und Oktober; es verkehren dann jeweils drei Zugpaare. Neben den regelmäßig verkehrenden Museumszügen bietet der Verein Kandertalbahn zudem Sonderzüge an, die Vereine oder Privatpersonen anmieten können.

www.kandertalbahn.de

378.78 auf Tour zwischen Wollbach und Hammerstein

34 REBENBUMMLER DAMPF AM KAISERSTUHL

Der Verein Eisenbahnfreunde Breisgau ist Veranstalter von Dampfzugfahrten auf der Kaiserstuhlstrecke zwischen Breisach und Riegel. Die dabei eingesetzte Henschel-Lok Nr. 384 ist eine der hier früher beheimateten Maschinen.

Nordwestlich von Freiburg i.Br. erhebt sich aus der Oberrheinebene ein erloschener Vulkan, der Kaiserstuhl. Rund um dieses Mittelgebirge erstrecken sich mehrere Eisenbahnstrecken. Von Breisach aus führt zum einen am Südrand vorbei die Strecke von Breisach über Gottenheim nach Freiburg. Ebenfalls in Breisach beginnt die nicht bundeseigene „Kaiserstuhlbahn“, die den Vulkan im Westen, Norden und Osten umfährt und in Gottenheim auf die bereits erwähnte Strecke Breisach – Freiburg stößt. Im Nordosten des Kaiserstuhls besteht von Riegel Ort aus eine kurze Verbindungsstrecke nach Riegel Malterdingen an der Rheintalstrecke. Die 37,6 Kilometer lange Kaiserstuhlbahn (ohne die Zweigbahn nach Riegel Malterdingen) wurde innerhalb von zehn Monaten in den Jahren 1894 und 1895 abschnittsweise eröffnet. Von 1897 bis Ende 1952 gehörte die Strecke zur Süddeutschen Eisenbahn-Gesellschaft (SEG) und wurde dann vom Land Baden Württemberg der Mittelbadischen Eisenbahn-Gesellschaft (MEG) zugeschlagen. Im Jahr 1971 wurde die MEG mit der Südwestdeutschen Eisenbahngesellschaft (SWEG) vereinigt. Unter Beibehaltung des Kürzels SWEG lautet der Firmenname heute Süddeutsche Verkehrs-AG. Auf der Kaiserstuhlbahn liefen in den Anfangsjahren kleine Tenderlokomotiven des Typs T3, die kurz nach dem Zweiten Weltkrieg ausgemustert wurden, doch schon in der Zwischenkriegszeit kamen Triebwagen neben zwei neuen vierachsigen Dampfloks des Kasseler Herstellers Henschel auf der Strecke zum Einsatz (Nr. 384 und 385). Nach dem Zweiten Weltkrieg beschaffte man noch drei Tenderlokomotiven des Württemberger Typs T6 sowie eine Diesellokomotive von Krauss-Maffei. Die Altbautriebwagen konnten Mitte der 1950er-Jahre durch drei neue Schienenbusse des MAN-Typs ersetzt werden. Heute setzt die Kaiserstuhlbahn im Personenverkehr moderne Regio-Shuttles sowie aus den 1980er-Jahren stammende Fahrzeuge des Typs NE 81 ein. Auch einer der drei MAN-Triebwagen ist noch vorhanden. Für die Zukunft ist die Elektrifizierung aller Kaiserstuhlstrecken im Gespräch.

64 419 legt los: Ausfahrt Bahnhof Burkheim-Bischoffingen am 20. Oktober 2012.

Es geht am 28. August 2011 über die Dreisam zwischen Hugstetten und Gottenheim. Die Dreisam durchfließt den Landkreis Breisgau-Hochschwarzwald und mündet in die Enz.

Unter dem Namen „Rebenbummler“ verkehrt auf der Kaiserstuhlstrecke seit 1978 zwischen Riegel und Breisach in der Regel zwischen Mai und Oktober ein Dampfzug mit ebenfalls historischem Wagenmaterial. Veranstalter ist der Verein Eisenbahnfreunde Breisgau, der daneben auch durch den Bau von Modelleisenbahnmodulen auf sich aufmerksam macht. Die im Sonderzugverkehr eingesetzte vierachsige Dampflokomotive ist die im Jahr 1927 von der SEG für die Kaiserstuhlbahn beschaffte Henschel-Lok Nr. 384. Je nach Termin werden die Fahrten des „Rebenbummlers“ unter einem bestimmten Motto angeboten. In der Spargelsaison verkehrt beispielsweise der „Spargelexpress“, eine Kombination aus Zug- und Schiffsfahrt mit entsprechendem kulinarischen Angebot. Zum Breisacher Bezirksweinfest, dem größten Weinfest in Baden, fährt der „Weinfest-Express“. „Rollende Weinprobe“, „Goldener Herbst“, „Oktoberfest-Express“ und verschiedene Erlebnisfahrten runden das Fahrtenangebot des Rebenbummlers ab. Die genauen Termine der Fahrten ändern sich von Jahr zu Jahr und können auf der Internetpräsenz eingesehen werden.

www.eisenbahnfreunde-breisgau.de

Einfahrt Breisach mit dem Badischen Winzerkeller im Hintergrund am 13. Oktober 2013

35 DREI-SEEN-BAHN IM HOCHSCHWARZWALD

Während andere Museumsbahnen oft auf stillgelegten Strecken ihre Fahrten anbieten, verkehren die Züge der Drei-Seen-Bahn auf einer Bahnstrecke, die im Planverkehr befahren wird. Die Hochschwarzwaldstrecke von Titisee nach Seebrugg erhielt ihren Namen von den drei Seen (Titisee, Windgfällweiher und Schluchsee), deren Ufer die Bahn auf ihrem Weg nach Seebrugg passiert.

Die Strecke zweigt in Titisee von der Höllentalbahn von Freiburg nach Donaueschingen ab und führt über eine Entfernung von 19,2 Kilometern nach Seebrugg am Schluchsee. Obwohl die Konzession für die Strecke bereits 1912 erteilt worden war, konnte die Strecke erst im Jahr 1926 als Nebenbahn eröffnet werden. Als in den 1930er-Jahren die Deutsche Reichsbahn Gesellschaft eine

52 7596 zieht am 28. Dezember 2015 ihren Zug am majestätisch ruhigen Schluchsee vorbei.

Versuchsstrecke für den Betrieb mit 20 Kilovolt und 50 Hertz suchte, fiel die Wahl auf die Höllentalbahn zwischen Freiburg und Neustadt und so wurde auch die in Titisee abzweigende Strecke nach Seebrugg elektrifiziert. In der Folge kamen neben Dampflokomotiven der Reihen 50, 75 und 85 auch Elektroloks der Reihe E 244 zum Einsatz. Der Inselbetrieb endete 1960, als die Strecke auf die bei der Bundesbahn übliche Spannung von 15000 Volt und 16 2/3 Hertz umgestellt wurde. Nach Abzug der Dampflokomotiven im Jahr 1962 wurden Elloks der Reihe 40.11 (ab 1968: 139) eingesetzt. Obwohl die Drei-Seen-Bahn als Nebenbahn eingestuft ist, gab es zwischen den frühen 1990er-Jahren und 2002 auch Fernverkehr in Form eines Interregio-Zuges, der allerdings wie die Regionalbahnzüge auf sämtlichen Unterwegsstationen einen Halt einlegte. Inzwischen verkehren auf der Drei-Seen-Bahn ausschließlich Regionalbahnen, die umsteigefrei das Oberzentrum Freiburg erreichen. In Zukunft sollen die Züge sogar bis Breisach durchgebunden werden, wobei in Titisee eine Flügelung in Richtung Seebrugg und Villingen erfolgt. Neben den Plan-

Dieses Foto ist ein Beispiel für einen gelungenen „Mitzieher". Der Fotograf folgte der Lok mit der Kamera, dadurch erhalten Vorder- und Hintergrund eine Bewegungsunschärfe.

Das ist wohl offensichtlich: Hier hat jemand Freude an der Fahrt und der Arbeit an und mit der Lok.

zügen verkehren auf der Strecke auch Sonderzüge der Interessengemeinschaft 3-Seenbahn e. V., eines Vereins, der sich zum Ziel gesetzt hat, die Bahnanlagen im Endbahnhof Seebrugg zu erhalten und dort ein Eisenbahnmuseum einzurichten. Diese Fahrten werden mit historischen Bahnfahrzeugen durchgeführt, mehrheitlich handelt es sich um Dampflokomotiven. Da der Verein über keine eigene Dampflokomotive verfügt, werden immer wieder Maschinen anderer Vereine eingesetzt. In den vergangenen Jahren waren dies beispielsweise 64 419 (DBK Historische Bahn), 50 2740, 58 311 (beide Ulmer Eisenbahnfreunde), 52 7596 (Eisenbahnfreunde Zollernbahn) oder 86 333 (Wutachtalbahn, seit September 2015 an die Eisenbahn-Bau- und Betriebsgesellschaft Pressnitztalbahn mbH verkauft). Der Fahrplan muss den Internetseiten der Dreiseenbahn entnommen werden, da er jährlich wechselt. Im Jahr 2016 werden die Dampfzugfahrten überwiegend in den Monaten Juli und August mit jeweils acht Fahrtagen an den Wochenenden durchgeführt. Hinzu kommen noch zwei Fahrtage im September und an allen Tagen vom 28. Dezember bis Neujahr.

www.3seenbahn.de

36 ALB- MURG- UND ENZTALBAHN

Die Sektion Ettlingen der Ulmer Eisenbahnfreunde e. V. bietet auf den Strecken (Karlsruhe –) Ettlingen Stadt – Bad Herrenalb (Albtalbahn), (Karlsruhe –) Rastatt – Baiersbronn (Murgtalbahn) im Sommerhalbjahr dampfgeführte Sonderzüge an. Derzeit ruht der Dampfbetrieb auf der Enztalbahn.

Die Albtalbahn nach Bad Herrenalb entstand einerseits als Folge der schlechten Anbindung der Stadt Ettlingen an die Hauptbahn Karlsruhe – Rastatt, andererseits war das Albtal Naherholungsgebiet für den Raum Karlsruhe geworden. 1897/98 entstand so eine meterspurige Eisenbahnstrecke von Karlsruhe bis Bad Herrenalb, 1899 ergänzt durch eine Zweiglinie, die von Busenbach nach Ittersbach führte. Waren zunächst Kastendampfloks eingesetzt, wurde bis 1911 die gesamte Strecke elektrifiziert. Die Albtal-Verkehrs-Gesellschaft, seit 1957 im Besitz der Strecke, konnte zwischen 1958 und 1961 die Umspurung der gesamten Strecke auf Normalspur und die Verknüpfung der Strecke mit dem Karlsruher Straßenbahnnetz feiern. Durch Modernisierungsmaßnahmen konnte die Fahrzeit zwischen Karlsruhe und Bad Herrenalb auf 35 Minuten halbiert und die Zugfrequenz erheblich erhöht werden.

Die Murgtalbahn führt von Rastatt nach Freudenstadt im Schwarzwald. Sie wurde in mehreren Etappen über einen Zeitraum von 60 Jahren gebaut. 1869 ging das Teilstück Rastatt – Gernsbach in Betrieb, aber erst 1894 konnten weitere fast fünf Kilometer bis Weisenbach eröffnet werden. Sieben Jahre später war mit dem Abschnitt Freudenstadt – Klosterreichenbach ein gut elf Kilometer langer Abschnitt vom anderen Ende der Strecke her fertig gestellt. Wegen der schwierigen Topographie auf dem restlichen Streckenabschnitt im Schwarzwald war die Strecke erst 1928 durchgehend befahrbar.

EINGESETZTE DAMPFLOKOMOTIVEN

Lok	Baujahr	Achsfolge	Hersteller	Bemerkung
58 311	1921	1`E	MBG K	Fabriknr. 2153
44 1616	1943	1`E	Fablok	Fabriknr. 1104 (in Aufarbeitung)
86 346	1939	1`D 1`	LOFAG	(in Aufarbeitung)

Auf beiden Strecken bieten die Ulmer Eisenbahnfreunde heute auch Fahrten mit Dampflokomotiven an. Die Sektion Ettlingen des Vereins verfügt zurzeit über vier Maschinen, von denen aber aktuell nur eine betriebsfähig ist. Lok 58 311 ist eine ehemals badische G 12 aus dem Jahr 1921 (Achsfolge 1`E h3) und wurde von der Maschinenbaugesellschaft Karlsruhe gebaut. 1977 kam sie aus der DDR in die Bundesrepublik, war zunächst im Dampflokmuseum Neuenmarkt-Wirsberg untergestellt und gehört seit 1984 den Ulmer Eisenbahnfreunden. Sie ist nicht nur im Schwarzwald unterwegs, sondern wird ebenso auf anderen Strecken eingesetzt. In Aufarbeitung befinden sich die beiden Einheitsloks 44 1616 (Krenau 1943) und 86 346 (Floridsdorf 1939), während die Vierte im Bunde, 50 2740 (Henschel 1942) wegen Fristablaufs abgestellt ist. Die Lok soll aber in Zukunft wieder neben der 58 311 planmäßig in Murg- und Albtal vor den Dampfzügen zum Einsatz kommen. Gefahren werden im Albtal an ausgewählten Tagen im Sommerhalbjahr zwischen Mai und Oktober zwei Zugpaare, wobei der erste und letzte Zug von/bis Karlsruhe Hbf verkehrt. Auf der Murgtalbahn fährt zwischen Juni und Oktober einmal im Monat ein durchgehender Zug von Karlsruhe Hbf über Rastatt bis nach Baiersbronn, ein weiteres Zugpaar pendelt zwischen Raumünzach und Baiersbronn, wo alle Dampfzugfahrten wegen der Steigung von 50 Promille zwischen Baiersbronn und Freudenstadt ihr Ende finden.

www.uef-dampf.de

Dampfzug der UEF Sektion Ettlingen mit Dampflok 58 311 kurz hinter Frauenalb, im Hintergrund die Klosterruine Frauenalb.

37 SAUSCHWÄNZLEBAHN – FAST ALPIN

Rein militärstrategische Erwägungen führten zum Bau der Strecke Hintschingen – Lauchringen, die mangels Nachfrage bereits früh im Personenverkehr stillgelegt wurde. Heute kann man die einzigartige Streckenführung auf Museumsbahnfahrten zwischen Zollhaus-Blumberg und Weizen wieder erleben.

Bei der Planung der Badischen Hauptbahn von Mannheim über Basel nach Konstanz Mitte des 19. Jahrhunderts erhofften sich die Gemeinden des Wutachtales eine Linienführung über ihr Gebiet, denn die später realisierte Linie führte über Schweizer Staatsgebiet. Im Zuge des Baus von sogenannten Kanonenbahnen, Eisenbahnstrecken, die fast ausschließlich militärstrategischen Zielen dienten, spielte dann das Wutachtal wieder eine Rolle, denn um gegen den „Erzfeind" Frankreich aufmarschieren zu können, wollte man nicht durch die Schweiz. Daher erklärte sich Baden im Jahr 1887 bereit, eine Bahnstrecke von Hintschingen bis zur bereits seit 1875 bestehenden südlichen Wutachtalbahn Stühlingen-Lauchringen zu bauen.

Alpine Streckenführung im Mittelgebirge

Wegen der Bedeutung für Militärtransporte musste die maximale Neigung in Grenzen gehalten werden, sodass für den Abschnitt zwischen Weizen und Zollhaus-Blumberg eine für deutsche Verhältnisse einzigartige, an alpine Bahnstrecken erinnernde Streckenführung notwendig wurde. Die beiden Orte liegen zwar nur knapp zehn Kilometer voneinander entfernt, durch die künstliche Streckenverlängerung mit Tunneln und Kehren mussten die Züge aber 25,5 Kilometer bei einem Höhenunterschied von 231 Metern zurücklegen. Bedeutendstes Bauwerk ist dabei der 1700 Meter lange Stockhalde-Kehrtunnel. 1890 ging die „Sauschwänzlebahn" in Betrieb.

EINGESETZTE DAMPFLOKOMOTIVEN

Lok	Baujahr	Achsfolge	Hersteller	Bemerkung
Posen 2455	1919	2'C	Linke-Hofmann	pr. P 8
FK 262	1956	1'D 1'	Henschel	nach anderen Quellen Baujahr 1954

Wegen der geringen Nachfrage und der hohen Unterhaltungskosten stellte die Bundesbahn schrittweise bis 1971 den Personenverkehr ein (zwischen Zollhaus-Blumberg und Hintschingen wurde dieser aber 2004 wieder aufgenommen). Aus militärischen Gründen erfolgten in den auf die Stilllegung folgenden Jahren zwar Sanierungsarbeiten, der Zugverkehr wurde aber nicht wieder aufgenommen, lediglich Sonderfahrten gab es gelegentlich. Zum 1. Januar 1976 wurde die Betriebseinstellung zwischen Weizen und Zollhaus-Blumberg genehmigt. Inzwischen gab es aber bereits Bestrebungen, auf der einzigartigen Strecke im Mittelabschnitt weiterhin während der Saison Züge fahren zu lassen. Bis 1997 war der schweizerische Verein Eurovapor für das rollende Material verantwortlich, danach etablierte sich der Verein Wutachtalbahn e. V. Ziel des Vereins ist es, die vorhandenen Fahrzeuge betriebsfähig zu erhalten. Seit 2015 fahren die Loks dieses Vereins allerdings auf der Dreiseenbahn, im Wutachtal kam 2015 Lok „2455 Posen“ zum Einsatz. Die 1919 von den Linke-Hofmann-Werken in Breslau gebaute Lok wurde 1926 von der Reichsbahn nach Rumänien verkauft und dort bis etwa 1974 eingesetzt. Inzwischen restauriert, präsentiert sie sich als typische Vertreterin der ehemaligen preußischen Reihe P 8 (Reichs- und Bundesbahnreihe 38.10) im Zustand der 1920er-Jahre. Träger der Sauschwänzlebahn sind die Bahnbetriebe Blumberg GmbH & Co.KG als Eisenbahnverkehrs- und -infrastrukturunternehmen und die Interessengemeinschaft zur Erhaltung der Museumsbahn Wutachtal e.V. Gefahren wird auf der „Sauschwänzlebahn“ zwischen Zollhaus-Blumberg und Weizen an zahlreichen Tagen auch unter der Woche zwischen April und Oktober. Der Fahrplan ist im Kursbuch der Deutschen Bahn unter der Nummer 12737 zu finden.

www.sauschwaenzlebahn.de

Beeindruckende Streckenabschnitte kennzeichnen die Sauschwänzlebahn. Hier wird der stählerne Viadukt bei Epfenhofen passiert.

38 BAYERISCHES EISENBAHNMUSEUM

Im ehemaligen Bahnbetriebswerk Nördlingen befindet sich das Bayerische Eisenbahnmuseum. In Nördlingen kann man aber nicht nur alte Dampfrösser anschauen, auf zwei im Personenverkehr stillgelegten Strecken von Nördlingen nach Gunzenhausen und Feuchtwangen werden einzelne Lokomotiven auch vor Museumszügen eingesetzt.

Nördlingen liegt an der elektrifizierten Bahnstrecke von Aalen nach Donauwörth. Hier zweigen in nördlicher Richtung die 54 Kilometer lange Strecke Nördlingen – Dombühl und die 40 Kilometer lange Strecke Nördlingen – Gunzenhausen ab. Auf beiden Strecken endete der Personenverkehr im Jahr 1985, der Güterverkehr auf Reststücken der Gesamtstrecke folgte 2002 bzw. 1997. Seit 2004 wird das Streckenstück Wassertrüdingen – Gunzenhausen allerdings wieder im Güterverkehr mit Ganzzügen befahren. In Nördlingen als ehemaligem Bahnknoten gab es bis 1982 ein Bahnbetriebswerk, dessen Anlagen 1985 durch das Bayerische Eisenbahnmuseum übernommen und im Laufe der Folgejahre wieder aufgebaut wurden. Die Vereinsarbeit beschränkt sich allerdings nicht auf das Präsentieren von über 200 Fahrzeugen und Anlagen eines historischen Bahnbetriebswerks, sondern man bietet in Nördlingen auch

EINGESETZTE DAMPFLOKOMOTIVEN

Lok	Baujahr	Achsfolge	Hersteller	Bemerkung
01 066	1928	2´C 1´	BMAG	Fabriknr. 9020
01 180	1936	2´C 1´	Henschel	Fabriknr. 22923
18 478	1918	2´C 1´	Maffei	Fabriknr. 4536
41 1150	1939	1´D 1´	Schichau	Fabriknr. 3356
44 546	1941	1´E	Krauss-Maffei	Fabriknr. 16151
50 995	1941	1´E	MBA	Farbiknr. 13534
50 0072	1939	1´E	Krauss-Maffei	Fabriknr. 15832
Emma	1936	C	Krauss-Maffei	Fabriknr. 15585
52 3548	1943	1´E	Krauss-Maffei	Fabriknr. 16685
LAG 7/ Füssen	1889	C	Krauss	Fabriknr. 2051
9/ Ries	1929	B	Henschel	Fabriknr. 26165

an insgesamt 14 Tagen im Jahr Fahrten zwischen dem Museum und Feuchtwangen bzw. Gunzenhausen auf den beiden oben erwähnten Strecken an, die mit Dampflokomotiven durchgeführt werden. Das Eisenbahnmuseum verfügt über eine bedeutende Zahl von Dampflokexponaten aus verschiedenen Epochen der deutschen Eisenbahngeschichte, die natürlich nicht alle betriebsfähig vorgehalten werden können. Älteste Museumslok ist die Nassdampftenderlok Nr. 7 der ehemaligen Lokalbahn AG aus dem Jahr 1887, die älteste betriebsfähige normalspurige Dampflokomotive Deutschlands. Aus den Beständen der ehemaligen Reichs- und Bundesbahn sind in Nördlingen Maschinen der Reihen 01, 18, 22, 38, 41, 42, 44, 50, 52, 57, 64, 89 und 94 vorhanden, davon allein fünf Lokomotiven der Baureihe 50 in fast allen Bauformen. Ebenfalls in mehreren Exemplaren vorhanden sind Lokomotiven der Reihen 01, 44 und 52. Ergänzt wird die Sammlung durch verschiedene Dampflokomotiven nichtstaatlicher Unternehmen.

Einige weitere Lokomotiven werden derzeit aufgearbeitet. Neben Fahrten auf den beiden Strecken in Richtung Feuchtwangen und Gunzenhausen werden durch das Bayerische Eisenbahnmuseum auch Dampflokomotiven bei Tagesfahrten zu verschiedenen Zielen und an zwei Tagen im Jahr auf der Strecke Landshut – Neuhausen eingesetzt.

www.bayerisches-eisenbahnmuseum.de

Die S 3/6 3673 bei Moosmühle an der Günzacher Steige. Die Lok ist momentan in Aufarbeitung.

39 CHIEMGAU-LOKALBAHN

Internationaler geht es kaum noch: Am bayerischen Chiemsee, zwischen den Orten Bad Endorf und Obing am See, werden im Museumsverkehr Dampflokomotiven preußischer Bauart eingesetzt, die von der Österreichischen Gesellschaft für Eisenbahngeschichte stammen und teilweise in Rumänien Dienst taten.

Zwischen Rosenheim und dem Chiemsee liegt an der Magistrale München – Salzburg der Ort Bad Endorf. Noch vor dem ersten Weltkrieg ging von hier aus eine 18 Kilometer lange eingleisige Nebenbahn über Halfing, Amerang, Aindorf und Pittenhart nach Obing am See in Betrieb. Solange der Autoverkehr keine Konkurrenz darstellte, rechnete sich neben dem Personenverkehr auch die Abfuhr von Torf und Holz auf dieser Strecke. Als nach dem Zweiten Weltkrieg die große Motorisierungswelle einsetzte, zudem der Torfabbau eingestellt wurde, geriet die Nebenbahn unter Druck, konnte sich aber noch bis 1968 halten. Am 26. Mai 1968 wurde der Personenverkehr eingestellt, der Güterverkehr hielt sich noch bis 1996. Da die Strecke nicht stillgelegt wurde, begann kurz darauf das Bayerische Eisenbahnmuseum, Sonderfahrten anzubieten, denen aber kein rechter Erfolg beschieden war. In den Folgejahren blieben Investitionen in die Infrastruktur aus. Die Strecke wurde aber trotzdem keinem förmlichen Stilllegungsverfahren unterzogen. Im Jahr 2002 wurde der Verein Chiemgauer Lokalbahn e.V. gegründet, der sich den Streckenerhalt auf die Fahnen geschrieben hatte. Vier Jahre später war die Strecke wieder so weit hergestellt, dass am 1. Juli 2006 ein Ausflugsverkehr begonnen werden konnte. Dazu war eine Betreibergesellschaft gegründet worden. Zwar verfügt der Verein nur über drei vereinseigene Dieselfahrzeuge, trotzdem dampft es auch jedes Jahr an einzelnen Tagen, die dem Fahrplan auf den Internetseiten des Vereins entnommen werden können, zwischen Endorf und Obing. Im Jahr 2015 wurde an zwei Wochenenden im Mai und August eine im Jahr 1927 an die rumänische Staatsbahn gelieferte und heute im Besitz der ÖGEG (Österreichische Gesellschaft für Eisenbahngeschichte) befindliche Lok, die der deutschen Baureihe 38.10 entspricht, eingesetzt. Ebenfalls auf der Strecke eingesetzt wurde die auch der ÖGEG gehörende 657 2770 (entspricht der deutschen Baureihe 57.10). An „normalen" Betriebstagen wird mit einem Dieseltriebwagen gefahren.

www.chiemgauer-lokalbahn.de

Hier ist die von der Österreichischen Gesellschaft für Eisenbahngeschichte stammende 638.1301 vorgespannt. Die Lok, 1936 gebaut, entspricht der preußischen P8-Bauart.

Die 38 1301 wurde in Rumänien gebaut nach Bauplänen aus dem Jahr 1906. Die Lok, auch sie ist „eigentlich" eine P8, erreicht eine Höchstgeschwindigkeit von 100 km/h.

40 DAMPFBAHN FRÄNKISCHE SCHWEIZ

Seit 1983 betreibt die Dampfbahn Fränkische Schweiz im Sommerhalbjahr im Wiesenttal zwischen Ebermannstadt und Behringersmühle Museumsbahnverkehr.

Beim Bau der großen bayerischen Hauptstrecken im vorigen Jahrhundert blieb die bergige Fränkische Schweiz außen vor. Spätere Versuche, von Bayreuth aus eine Hauptbahn nach Forchheim bauen zu lassen, scheiterten aus Kostengründen ebenfalls, lediglich eine Lokalbahn nach Hollfeld konnte nach der Jahrhundertwende realisiert werden. Dies war aber nicht die erste Nebenbahn der Fränkischen Schweiz, denn bereits 1888 war der Bau der 14,8 Kilometer langen Lokalbahn von Forchheim am westlichen Rand der Fränkischen Schweiz nach Ebermannstadt genehmigt worden, die bereits drei Jahre später eröffnet wurde. Da die Strecke sich als rentabel erwies, sollte Ebermannstadt nicht der Endpunkt dieser Linie bleiben. Mit Gesetz vom 16. Juni 1908 wurde der Weiterbau in Richtung Heiligenstadt beschlossen. Der Bau der 13,9 Kilometer langen Strecke konnte 1915 vollendet werden. Noch vor dem Bau dieses Streckenstücks wurde auch eine Streckenverlängerung durch das Wiesenttal nach Osten beschlossen. Der Erste Weltkrieg und die Nachkriegsprobleme verhinderten zunächst die Verwirklichung dieses Vorhabens. Erst 1927 rollten die Züge von Ebermannstadt bis zum Bahnhof Gößweinstein, die Eröffnung der restlichen nicht ganz drei Kilometer bis Behringersmühle ließ dann bis zum 4. Oktober 1930 auf sich warten. Bereits 1926 hatte ein Abgeordneter des bayerischen Landtags der Lokalbahn prophezeit, sie werde im Konkurrenzkampf mit dem Auto unterliegen. Der Pessimismus des Abgeordneten erwies sich aber erst später als berechtigt. Am 29. Mai 1976 erfolgte die Einstellung des Gesamtverkehrs zwischen Ebermannstadt und Behringersmühle, der Abbau der Gleise war danach zu befürchten.

EINGESETZTE DAMPFLOKOMOTIVEN

Lok	Baujahr	Achsfolge	Hersteller	Bemerkung
1/Ebermannstadt	1923	B	Hanomag	Typ Ploxemam, Fabriknr. 94442
4	1930	D	BMAG	Fabriknr. 9963
64 491/ auch: Lok 8	1940	1´D 1´	O & K	Fabriknr. 13298

Streckenrettung durch die DFS

Da die Stilllegung bereits Jahre vor dem letzten Betriebstag absehbar war, hatte sich bereits 1974 in Ebermannstadt der Verein Dampfbahn Fränkische Schweiz (DFS) mit dem Ziel gegründet, den Streckenabschnitt Ebermannstadt – Behringersmühle für einen Museumsbahnverkehr zu erhalten. Im Jahr 1978 war diesen Bemühungen ein erster Erfolg beschieden, denn die Strecke konnte von der DB käuflich erworben werden. Es folgte der Antrag auf Betriebsgenehmigung, dem zwei Jahre später stattgegeben wurde. Bereits 1975 hatte der Verein vom städtischen Gaswerk in Nürnberg eine dort seit 1924 eingesetzte Hanomag-Lok des Typs „Ploxemam“ erworben, eine Schwestermaschine gelangte als Leihgabe ebenfalls zur DFS. Die beiden als Lok 1 und 2 eingereihten Fahrzeuge sind heute noch vorhanden, Lok 2 ist aber derzeit wegen Ablaufs der Kesselfrist abgestellt. Mit dieser Lokomotive konnte im Jahr 1983 im Wiesenttal der Dampfbetrieb aufgenommen werden. Neben Dieselfahrzeugen, auf die hier nicht näher eingegangen werden soll, verfügt die DFS heute noch über zwei weitere Dampflokomotiven. Von der Zeche Anna im Aachener Revier stammt ein Vierkuppler der Bauart ELNA 6, Lok Nummer 4. 1995 gelangte eine ehemalige DB-Maschine nach Ebermannstadt. Die als Lok 8 bezeichnete ehemalige 64 491 war 1940 von Orenstein und Koppel für die damalige Reichsbahn gebaut worden. Zwischen Mai und Ende Oktober verkehren an Betriebstagen drei Zugpaare zwischen Ebermannstadt und Behringersmühle, ungefähr zweimal pro Monat mit Dampflokomotiven.

www.dfs.ebermannstadt.de

Lokomotive 4 zieht hier eine Reihe sehr unterschiedlicher Wagen. Diese Maschine ist wie Lok 8 mit INDUSI (Induktive Zugsicherung) ausgestattet und kann so auch auf Strecken der DB eingesetzt werden.

41 RHÖN-ZÜGLE – BAHN IM STREUTAL

Rechtzeitig vor der Wende bescherte der Bahn die Lage im Zonenrandgebiet Fördergelder zur Einbindung der Strecke in das touristische Gesamtkonzept Freilandmuseum Fladungen.

In Mellrichstadt an der Strecke Schweinfurt – Meiningen zweigt seit 1898 eine etwas über 18 Kilometer lange Stichbahn ab, die durch das Streutal über Stockheim, Ostheim und Nordheim nach Fladungen in der Rhön führte. Dabei waren 132 Meter Höhenunterschied zu bewältigen, um den 404 Meter hoch gelegenen Rhönort zu erreichen. Zwar war bereits 1853 in Ostheim eine Eisenbahnanbindung angemahnt worden, es sollte aber noch fast ein halbes Jahrhundert dauern, bis auch die Strecke in die Rhön in Betrieb gehen konnte. Zu kostspielig und wenig ertragreich schien eine das Gebirge durchquerende Strecke, wie sie als Verbindung Fulda – Schweinfurt damals in der Diskussion war. Auch mehrere Vorstöße durch ein Ostheimer Eisenbahnkomitee zum Bau einer Stichbahn scheiterten zunächst. Letztendlich genehmigte aber die bayerische Staatsregierung eine bereits 1881 von der Lokomotivfabrik Krauss in München untersuchte Streckenführung. Erst mehr als zehn Jahre später wurde mit dem Bau begonnen, der mit Eröffnung der Strecke am 20. Dezember 1898 abgeschlossen wurde. Eingesetzt auf der Strecke wurden zunächst bayerische Länderbahnloks der Reihen D VII, D XI und BB II. Später gesellte sich die preußische T 12 dazu und in den 1930er-Jahren tauchten mit der Baureihe 86 erste Einheitsdampflokomotiven im Streutal auf. In der Nachkriegszeit ereilte die Strecke das Schicksal zahlreicher Nebenstrecken in siedlungsarmen Räumen. Die rückläufige Nachfrage sowohl im Güter- als auch im Personenverkehr zwang zu Rationalisierungsmaßnahmen, die aber die Stilllegung im Jahr 1987 nicht verhindern konnten.

EINGESETZTE DAMPFLOKOMOTIVEN

Lok	Baujahr	Achsfolge	Hersteller	Bemerkung
98 886	1924	D	Krauss-Maffei	Fabriknr. 6911
89 7373	1901	C	Humboldt	pr. T 3, Fabriknr. 143
OLB Nr.2/ Alfred	1903	B	Hohenzollern	Fabriknr. 1669

Glücklicherweise wurden die Bahnanlagen aber nicht, wie anderswo üblich, schnellstmöglich demontiert. Da die Strecke im damaligen Zonenrandgebiet lag, konnten finanzielle Förderquellen erschlossen werden, um die Strecke in ein touristisches Gesamtkonzept einzubinden. 1992 wurde die Genehmigung erteilt, die Bahnstrecke als Teil des Freilandmuseum Fladungen als Museumseisenbahn zu betreiben. Vier Jahre später fuhren die ersten Züge, zunächst zwischen Fladungen und Ostheim, vier Jahre später sogar bis Mellrichstadt, wobei die Betriebsführung von dem Verein Eisenbahnfreunde Untermain wahrgenommen wird. Zunächst wurden historische Dieselfahrzeuge und Dampflokomotiven eingesetzt, seit 2011 gibt es ein neues Konzept: Neben den Dampfzügen verkehren an bestimmten Tagen im Jahr auf der Strecke moderne Dieseltriebwagen des Typs Regioshuttle der Erfurter Bahn. Die Dampfzüge werden von Mai bis September an zwei bis drei Sonntagen pro Monat eingesetzt, wobei zwei Zugpaare die Gesamtstrecke befahren, während ein Zugpaar nur zwischen Fladungen und Ostheim verkehrt. Gelegentlich kamen in der Vergangenheit auch Dampflokomotiven anderer Museumsbahnen auf der Strecke zum Einsatz. Drei Dampflokomotiven sind beim „Rhön-Zügle" vorhanden. Die ehemalige bayrische Lok des Typs BayGtL 4/4 mit der Bundesbahnnummer 98 886 wurde 1924 bei Krauss in München gebaut und ist eine Leihgabe der Stadt Schweinfurt. Mit Lok 89 7373 befindet sich auch eine ehemals preußische T 3 im Bestand, die 1901 bei Hohenzollern in Düsseldorf entstand und seit September 2014 eingesetzt werden kann. Ebenfalls bei Hohenzollern gebaut wurde die Dritte im Bunde, Lok OLB Nr.2 aus dem Jahr 1903, ein Loktyp, der vorwiegend in Industriebetrieben und Bergwerken zum Einsatz kam.

www.rhoenline.de/rhoenzueqle.html

Das ist eine Zugbildung, bei der das Herz des Modellbahners frohlockt.

42 HARZER SCHMALSPURBAHNEN

Wo kann man heute noch das Zusammentreffen dreier Dampflokomotiven in einem Landbahnhof beobachten? Der Bahnhof von Drei Annen Hohne bietet dieses Schauspiel jeden Tag planmäßig.

Im bis zu 1141 Meter hoch gelegenen Harz betreiben die Harzer Schmalspurbahnen GmbH ein zusammenhängendes, über 140 Kilometer umfassendes Netz von meterspurigen Bahnen, auf denen täglich Dampflokomotiven im Planeinsatz stehen. Betrieblich kann man heute zwei Streckenteile unterscheiden: Im Westen die Harzquer- und Brockenbahn und östlich die Selketalbahn mit ihren Verzweigungen. Von Wernigerode am Rande des Harzes aus führt die Harzquer- und Brockenbahn zunächst zum 542 Meter hoch gelegenen Abzweigbahnhof Drei Annen Hohne. Hier zweigt von der Harzquerbahn die Strecke zum Brocken ab. In diesem Bahnhof kann man zu bestimmten Tageszeiten das Treffen dreier Dampflokomotiven beobachten. Die Harzquerbahn selbst führt von Drei Annen Hohne aus über Benneckenstein und Eisfelder Talmühle nach Nordhausen am Südrand des Harzes. In Eisfelder Talmühle besteht eine Verbindung zur Selketalbahn. Nach Stilllegung der Strecke Quedlinburg – Frose übernahmen die Harzer Schmalspurbahnen den Streckenteil Gernrode – Quedlinburg. Von Quedlinburg aus führt die Schmalspurbahn über Gernrode zunächst nach Alexisbad. Dort zweigt eine Stichbahn nach Harzgerode ab. Von Mägdesprung kurz vor Alexisbad bis Stiege folgt die Bahn dem Flüsschen Selke. In Stiege verzweigt sich die Bahn in eine Stichstrecke nach Hasselfelde

EINGESETZTE DAMPFLOKOMOTIVEN

Lok	Baujahr	Achsfolge	Hersteller	Bemerkung
99 5901	1897	B´B´	Jung	Fabriknr. 258
99 5902	1898	B´B´	Jung	Fabriknr. 261
99 5903	1901	B´B´	Jung	Fabriknr. 345
99 6001	1939	1´C 1´	Krupp	Fabriknr. 1875
99 222	1931	1´E 1´	BMAG	Fabriknr. 9921
99 5906	1918	B´B´	Maschinenf. Karlsruhe	Fabriknr. 2052
99 7231-7247	1954-56	1´E 1´	LKM Babelsberg	Fabriknr. 134 008 und folgende

und die Verbindung zur Harzquerbahn in Eisfelder Talmühle. Entstanden ist das Netz der Harzer Schmalspurbahnen zwischen 1887 und 1905 durch die Gernrode-Harzgeroder Eisenbahn-Gesellschaft/Selketalbahn (GHE) und die Nordhausen Wernigeroder Eisenbahn/Harzquer – und Brockenbahn (NWE). Ab 1949 gehörten die Strecken zum Netz der Deutschen Reichsbahn. Seit dem 1. Februar 1993 sind die Harzer Schmalspurbahnen GmbH für den Betrieb verantwortlich. Das Zugangebot ist beachtlich, besonders auf dem Streckenteil von Wernigerode über Drei Annen Hohne zum Brocken, wobei auf der Bergstrecke ausschließlich dampfgeführte Züge verkehren, während daneben einzeln laufende Triebwagen auf der Harzquerbahn unterwegs sind. Einmal täglich gibt es auch einen Dampfzug von Nordhausen Nord zum Brocken. Der Verkehr auf der Harzquerbahn zwischen Drei Annen Hohne und Nordhausen Nord ist erheblich geringer. Auch auf der Selketalbahn ist die Zugfrequenz niedriger als auf der Brockenbahn. Diese Angaben beziehen sich auf die Monate der stärksten touristischen Nachfrage, um die Jahreswende ist das Zugangebot erheblich eingeschränkt.

Die Harzer Schmalspurbahnen verfügen neben zurzeit über 13 einsatzbereite Dampflokomotiven, von denen die drei ältesten Mallet-Typen für Sonderzugeinsätze bereit stehen (Baureihe 99^{590}). Lok 99 6001 gehört zur Baureihe 99^{600} und ist eine Einheitslok aus dem Jahr 1939 mit der Achsfolge 1´C 1´. Die übrigen neun Maschinen gehören zur Baureihe 99^{22-24}, besitzen die Achsfolge 1´E 1´ und sind bis auf eine (99 7222/fährt aber unter der Nummer 99 222) Neubauten der Deutschen Reichsbahn aus den Jahren 1954–1956. Lok 99 7222 ist wie 99 6001 eine Einheitslok, die 1931 gebaut worden ist. Sie ist mit 750 PS auch die stärkste Dampflok im Harz, ihre jüngeren Schwestern bringen es auf 700 PS, während die 99 6001 über lediglich 600 PS verfügt.

www.hsb-wr.de/startseite

Vom Gipfel des Brocken fällt der Blick auf den Personenzug nach Wernigerode (4. Oktober 2014).

43 MANSFELDER BERGWERKSBAHN

Auf 74 Kilometer Länge inklusive Anschluss- und Nebenbahnen belief sich das Streckennetz der ehemaligen Mansfelder Bergwerksbahn. Fast zwölf Kilometer davon werden heute noch vom Verein Mansfelder Bergwerksbahn als Museumsbahn betrieben.

Gegen Ende des 19. Jahrhunderts entstand im Mansfelder Land zwischen Hettstedt und Eisleben ein dicht verzweigtes Netz von Grubenbahnen, das dem Abtransport des in der Gegend geförderten Kupferschiefers dienen sollten. Daneben wurden auch Kohle, Hüttenkoks, Grubenholz, Schlackensteine, Baumaterialien und verschiedene Zwischenprodukte der Hütten im Güterverkehr befördert. Eine ausführliche Beschreibung des umfangreichen Streckennetzes würde den Rahmen dieser Darstellung sprengen, deshalb soll hier ein Überblick genügen. 1880 entstand die erste 750 mm-Strecke der Mansfelder Bergwerksbahn zwischen Welfesholz und Hettstedt mit einer Länge von 4,5 Kilometer. Alle in den Folgejahren gebauten Zweiglinien zu verschiedenen Abbauorten lehnten sich an die 24 Kilometer lange „Hauptstrecke“ von Hettstedt nach Eisleben an. Bereits Anfang des 20. Jahrhunderts war das Streckennetz auf insgesamt 48 Kilometer Länge angewachsen, wobei 26 Kilometer Anschluss- und Nebenbahnen nicht eingerechnet sind. In den 1920er-Jahren stieg die Streckenlänge durch neu angeschlossene Schächte weiter an. In dieser Zeit waren auf der Bergwerksbahn 30 Dampflokomotiven, über 30 Personenwagen und mehr als 700 Güterwagen im Einsatz. Als die Lagerstätten unergiebiger wurden und nach und nach die Mansfelder Schächte geschlossen wurden, schrumpfte das Streckennetz um 1970 auf 20 Kilometer Länge. Nachdem die letzten Hütten 1989 und 1990 ihre Toren geschlossen hatten, ging damit auch der reguläre Bahnverkehr auf der Mansfelder Bergwerksbahn nach 110 Jahren zu Ende.

Engagement für einen Neuanfang

Im Folgejahr 1991 gründeten Eisenbahnfreunde den Verein Mansfelder Bergwerksbahn e.V. Sie wollten einen Teil des alten Streckennetzes erhalten und Museumsbahnverkehr durchführen. 11,8 Kilometer der ehemaligen Bergwerksbahn zwischen Benndorf und Hettstedt Kupfer-Kammer-Hütte Gbf sind seit 1994 im Besitz des Vereins. Neben Diesellokomotiven sind zudem drei

Dampfloks vorhanden: Lok 10 und 11 stammen aus den Jahren 1936 und 1939 und wurden bei Orenstein und Koppel gefertigt. Neueren Datums ist Lok 20II, gebaut bei LKM Babelsberg im Jahr 1951. Eine weitere ehemalige Bergwerksbahnlok ist in Hettstedt ausgestellt. Gefahren wird auf der Museumsstrecke zwischen April und Oktober an jedem Samstag. Dabei verkehrt aber leider nur ein einziges Zugpaar, das für die knapp 11 Kilometer lange Strecke 40 Minuten benötigt. Außerhalb dieser Zeit gibt es noch einige andere Fahrtage, die dem Fahrplan des jeweiligen Jahres zu entnehmen sind. Eine Besonderheit dieser Museumsbahn sind sogenannte Infozüge, die an bestimmten Tagen bei verlängerter Fahrzeit die Gelegenheit bieten, Interessantes zur Geschichte und Technik der Bahn zu erfahren.

www.bergwerksbahn.de/

Am Haltepunkt Eduard-Schacht verfolgen Schaulustige die Weiterfahrt des Traditionszuges, der mit der Lok Nr. 11, Bauart Dh2t aus dem Jahre 1939, bespannt ist.

44 DIE DÖLLNITZBAHN

Planmäßiger Personenverkehr findet auf den Strecken des Mügelner Netzes nur noch als Schülerverkehr zwischen Oschatz und Glossen statt. Hier werden dieselelektrische Lokomotiven aus Österreich eingesetzt. Parallel dazu findet an Wochenenden und Feiertagen Museumsbahnverkehr mit Dampflokomotiven statt.

Die Döllnitzbahn in Sachsen ist der Rest eines ausgedehnten Schmalspurbahnnetzes mit dem Mittelpunkt Mügeln, das mit einer Spurweite von 750 mm ab Ende des 19. Jahrhunderts entstand und dem Transport von Kaolin und landwirtschaftlichen Erzeugnissen dienen sollte. Zunächst ging 1884 die 30,9 Kilometer lange Strecke von Oschatz über Mügeln nach Döbeln in Betrieb, vier Jahre später folgten weitere 23,9 Kilometer von Mügeln nach Neichen (Nerchau – Trebsen). 1891 stieg der vorläufige Endpunkt Oschatz zum Durchgangsbahnhof auf, als die von Mügeln kommende Strecke um 11,9 Kilometer bis Strehla verlängert wurde.

Diese Strecke erreichte traurige Berühmtheit, bescheinigte man ihr doch, bei der Wirtschaftlichkeit an vorletzter Stelle aller sächsischen Schmalspurstrecken zu liegen. Noch vor dem ersten Weltkrieg wurde das spätere „Mügelner Netz" vollendet; seit 1903 zweigte in Nebitzschen an der Strecke nach Neichen die 6,3 Kilometer lange Zweigbahn nach Kroptewitz ab und 1909/1911 eröffnete die Schmalspurbahn Wilsdruff – Gärtitz eine 51,9 Kilometer lange Linie von Wilsdruff über Meißen – Triebischtal und Lommatzsch nach Gärtitz bei Döbeln. Die Strecken wurden bis auf den Abschnitt Kemmlitz – Nebitzschen-Mügeln – Oschatz zwischen 1964 und 1972 stillgelegt. Der verbliebene Streckenabschnitt verdankte sein vorläufiges Überleben einer Kaolingrube in Kemmlitz, von wo der Rohstoff für die Porzellanherstellung auf der Schmalspurbahn bis ins Jahr 2001 abtransportiert wurde. Bereits acht Jahre zuvor hatte die Deutsche Reichsbahn die erhalten gebliebenen Streckenteile an die private Döllnitzbahn GmbH übergeben, die ursprünglich den bereits erwähnten Kaolintransport mit gebraucht erworbenen Diesellokomotiven weiterführen sollte. Parallel dazu gründete sich der Förderverein „Wilder Robert" mit dem Ziel, historische Bahnfahrzeuge und -anlagen zu erhalten und zu pflegen. Der Verein hat bereits Hauptuntersuchungen an Dampflokomotiven durchführen lassen und setzt Gebäude und Strecken instand. Regelmäßiger Zugverkehr besteht heute nur aus Zügen des Schülerverkehrs auf dem Streckenabschnitt Oschatz – Mügeln – Glossen, die von dieselelektrischen Lokomotiven gezogen werden. An Wochenenden und Feiertagen setzt die Döllnitzbahn darüber hinaus dampfbespannte Sonderzüge ein. Vorhanden sind derzeit drei Dampflokomotiven der ehemaligen sächsischen Baureihe IV K mit der Achsfolge B´B, von denen eine für die Sonderfahrten zur Verfügung steht. Nach schwierigen Jahren plant die Döllnitzbahn GmbH die Reaktivierung der Strecke zwischen Glossen und Wermsdorf. Hintergrund dieser Planung ist die vorgesehene touristische Anbindung des Schlosses Hubertusburg. An „Dampftagen", die dem Fahrplan auf der Internetseite zu entnehmen sind, verkehren zwischen Mügeln und Oschatz drei und in Richtung Glossen zwei Zugpaare.

www.wilder-robert.de, www.doellnitzbahn.de

Mügeln verfügt über einen eindrucksvollen dreiständigen Lokschuppen, zwei der dreis Loks sind derzeit wegen Fristablauf abgestellt.

Die Strecke führt durch eine vor allem landwirtschaftlich geprägte Gegend, deren Verkehrsmittelpunkt der Bahnhof Mügeln war, einst einer der größten Schmalspurbahnhöfe Europas.

45 PRIGNITZER EISENBAHNMUSEUM

Noch vor dem Ende der DDR begannen Eisenbahnfreunde, die Erinnerung an das stillgelegte umfangreiche Schmalspurbahnnetz in der Prignitz wach zu halten.

In den Landkreisen West- und Ostprignitz wurden von 1897 bis kurz vor dem ersten Weltkrieg Kleinbahnstrecken in einem Umfang von fast 200 Kilometern erbaut, die im Eigentum der Kreise standen. Während im Norden der Kreisgebiete normalspurige Eisenbahnstrecken entstanden, wurde im südlichen Teil ein über 100 Kilometer langes Schmalspurnetz mit einer Spurweite von 750 mm angelegt. Im Einzelnen handelte es sich beispielsweise um die Strecken Perleberg – Viesecke – Lindenberg – Kyritz und Rehfeld – Breddin. Bereits 1948 wurde das Streckenstück Viesecke – Kreuzweg abgebaut und auch die übrigen Strecken waren trotz geringen Konkurrenzdrucks durch den Individualverkehr in der ehemaligen DDR in den 1960er-Jahren nicht mehr rentabel zu betreiben. Ende 1967 endete der gesamte Zugverkehr zwischen Lindenberg und Glöwen, der Rest des Netzes wurde zum 31. Mai 1969 stillgelegt. Noch vor der Wende hatten Eisenbahnfreunde begonnen, die Erinnerung an die Kleinbahn, liebevoll „Pollo“ genannt, wach zu halten. Nach dem Ende der DDR wurde 1994 der Verein Prignitzer Kleinbahnmuseum Lindenberg e.V. mit dem Ziel gegründet, auf einem Reststück des alten Streckennetzes Museumsbahnbetrieb durchzuführen. Im Mai 2002 konnte ein erstes Streckenstück zwischen Mesendorf und Brünkendorf eröffnet werden und fünf Jahre später war die gesamte geplante Museumsstrecke auf einer Länge von neun Kilometern bis Lindenberg befahrbar. Das Museum verfügt neben einigen Diesellokomotiven nur über eine einzige Dampflok, die im Jahr 1923 bei Orenstein und Koppel gebaute 99 4644. Die Nassdampftenderlokomotive mit der Achsfolge D war zunächst bei der Kleinbahn Landsberg – Rosenberg im Einsatz und gelangte schon 1926 zur Kreisbahn des Kreises Jerichow. Später war sie in der Prignitz und auf Rügen im Einsatz. Sie ist derzeit (2016) leider nicht betriebsfähig, soll aber aufgearbeitet werden. Aus diesem Grund werden alle Dampflokfahrten mit Fremdlokomotiven vor allem in den Sommermonaten, aber auch noch im Oktober und November durchgeführt. Der jeweilige Jahresfahrplan ist im Internet abrufbar.

www.pollo.de

99 574 der Döllnitzbahn fährt mit ihrem Zug in den Haltepunkt Klenzenhof ein.

99 608 der Sächsischen Dampfeisenbahn und 99 574 der Döllnitzbahn stehen in Mesendorf und werden für bevorstehende Aufgaben versorgt.

46 WALDEISENBAHN MUSKAU

Eine öffentliche Eisenbahn, die niemals Personenverkehr aufwies, lag im Osten des heutigen Bundesgebietes in der Nähe der polnischen Grenze zwischen den Flüssen Spree und Neiße. Heute regiert hier eine Museumseisenbahn – mit Neubaustrecke!

Im Raum Weißwasser/Muskau wurde auf Initiative des Grafen von Arnim 1895 eine Pferdebahn mit der Spurweite 600 mm eröffnet, die zur Anbindung der in der Gegend zahlreich vorhandenen Betriebe (Braunkohle- und Tongruben, Papierfabriken, Ziegeleien, Sägewerke) dienen sollte. Die Nachfrage entwickelte sich so gut, dass schon innerhalb eines Jahres von Pferde- auf Dampfkraft umgestellt werden konnte. Auch das Streckennetz wuchs unaufhörlich und erreichte schließlich eine Ausdehnung von 85 Kilometern. Zeitweilig waren elf Dampflokomotiven vor den Güterzügen im Einsatz, Personenverkehr gab es – wie schon erwähnt – auf der Waldeisenbahn Muskau nicht. Kleine Diesellokomotiven gab es auch, diese dienten ausschließlich Rangierzwecken. Es handelte sich über viele Jahre um Heeresfeldbahnlokomotiven, die nach dem Ersten Weltkrieg zur Waldeisenbahn gelangten. Nach dem Zweiten Weltkrieg geriet die Bahn in Schwierigkeiten, weil Material als Reparationsleistung in die Sowjetunion geschafft wurde. Um den Betrieb weiterführen zu können, wurde die Bahn im Jahr 1951 von der Deutschen Reichsbahn übernommen. 1966 wurde noch eine neue Strecke zur Tongrube Mühlrose angelegt, das Ende des kostenaufwendigen Betriebs zeichnete sich aber bereits drei Jahre später ab, als die Braunkohlegrube Frieden als wichtiger Kunde stillgelegt wurde. Im März 1978 endete der Schienenverkehr, das etwas über zwölf Kilometer lange Streckenstück zwischen der Tongrube Mühlrose und der Ziegelei Weißwasser wurde aber bis zur Schließung der Ziegelei im Jahr 1991 als Werkseisenbahn weiter genutzt, hier kamen Diesellokomotiven zum Einsatz. Schon

EINGESETZTE DAMPFLOKOMOTIVEN

Lok	Baujahr	Achsfolge	Hersteller	Bemerkung
99 3312	1912	D	Borsig	Fabriknr. 8472
99 3317	1918	D	Borsig	Fabriknr. 10306

wenige Jahre nach Einstellung des Schienenverkehrs bemühten sich Eisenbahnfreunde aus Weißwasser, zumindest die noch vorhandenen Reste der Waldbahn zu erhalten. Bereits 1984 führten sie auf der Werkbahn erste Personenzugfahrten durch. Nach der Wende erreichte der Verein Waldeisenbahn Muskau e.V., dass mithilfe von Arbeitsbeschaffungsmaßnahmen die abgebaute Strecke nach Kromlau nördlich von Weißwasser wieder aufgebaut werden konnte. Hier fanden erste Fahrten 1992 statt. 1993 wurde die Waldeisenbahn Muskau GmbH gegründet, um nun planmäßigen Tourismusverkehr anbieten zu können. Ihr gelang es auch, die abgebaute Strecke nach Bad Muskau wieder aufzubauen. Ab 1995 konnte so von Weißwasser aus sowohl nach Kromlau als auch nach Bad Muskau gefahren werden. Von 2017 an sollen auch wieder Fahrten auf der Tonbahn möglich sein. Sie werden aber nicht zur Grube Mühlrose führen, denn das letzte Streckenstück wurde wegen der Lage im Bereich einer Braunkohlengrube abgebaut. Als Ersatz wird eine kurze Neubaustrecke zu einem bekannten Aussichtspunkt (Turm am schweren Berg) etwas weiter östlich entstehen, die Finanzierung wird vom Energiekonzern Vattenfall übernommen. Am 29. Oktober 2015 wurden die Arbeiten an der neuen Strecke aufgenommen. Dampfbetriebene Züge – von gesamt fünf Dampflokomotiven sind derzeit zwei betriebsfähig – fahren auf der Waldeisenbahn Muskau immer am ersten Wochenende in den Monaten April bis Oktober, weitere Dampftage gibt es im Zusammenhang mit verschiedenen Feiertagen im Frühjahr.

www.waldeisenbahn.de

Drei auf einen Streich! Derzeit sind allerdings nur zwei von gesamt fünf Dampfloks betriebsfähig.

47 NIEDERLAUSITZER MUSEUMSEISENBAHN

Vor fast 50 Jahren endete bereits der Personenverkehr zwischen Finsterwalde und Luckau in der Niederlausitz, Güterverkehr gab es noch bis Mitte der 1990er-Jahre. Auf einem Teilstück zwischen Finsterwalde und Crinitz kann heute wieder mit Personenzügen der Niederlausitzer Museumseisenbahn gefahren werden.

Um Luckau an der Hauptstrecke von Berlin nach Dresden und das an der Strecke Halle–Cottbus gelegene Finsterwalde mit einer Eisenbahn zu verbinden, wurde 1904 der Bau einer eingleisigen normalspurigen Eisenbahnstrecke zwischen beiden Orten genehmigt. Im Oktober 1911 wurde der Fahrbetrieb aufgenommen. Nach dem Zweiten Weltkrieg ruhte wegen einer Brückensprengung der Fahrbetrieb für drei Jahre, aber auch danach wurde der Zugverkehr nur noch zwischen Finsterwalde und Crinitz wiederaufgenommen. Ein später angelegter Braunkohlentagebau verhinderte endgültig eine mögliche Reaktivierung des nördlichen Streckenabschnitts. Auf dem südlichen Teil der Strecke waren die Fahrgastzahlen rückläufig, sodass der Personenverkehr zum 25. Mai 1968 eingestellt wurde. Bis 1994 gab es immerhin noch Güterverkehr. Im Folgejahr wurde der Verein Niederlausitzer Museumseisenbahn mit dem Ziel gegründet, auf der Strecke einen Museumsbahnbetrieb durchzuführen. Nach gründlicher Instandsetzung der Infrastruktur und dem Kauf der Strecke im Jahr 1997 von der Deutschen Bahn AG nahm der Verein am 6. April 2002 den Bahnverkehr zwischen Finsterwalde Frankenaer Weg und Crinitz auf. Im Jahr 2004 konnte der Verein die Dampflok „Gerresheim“, eine B-gekuppelte Nassdampftenderlok, von der Züricher Museumsbahn käuflich erwerben. Die Maschine wurde im Jahr 1912 bei Hohenzollern in Düsseldorf mit der Fabriknummer 2015 gebaut und war früher bei der Zuckerindustrie im Raum Jülich eingesetzt. Daneben besitzt der Verein neben zahlreichen Diesellokomotiven mit Lok Nr. 5 noch eine 1988 in Meiningen gebaute feuerlose Dampflokomotive, die seit 2002 im Bestand des Vereins ist. Gefahren wird nach einem festen Fahrplan an einigen wenigen Tagen im Sommer, zu bestimmten Festen und Ereignissen werden aber Fahrten nach einem Sonderfahrplan angeboten.

Der Leser mag sich vielleicht fragen, wozu feuerlose Dampflokomotiven eigentlich benötigt werden und wie eine solche Maschine funktioniert. Der oft verwendete Name Dampfspeicherlokomotive ist eigentlich etwas irreführrend, denn im Druckkörper der Lok befindet sich zunächst einmal Wasser, das den Hohlraum nicht ganz ausfüllt. Dieses Wasser wird durch Dampf einer externen Energiequelle auf etwa 180 Grad Celsius erwärmt. Wird nun beim Fahren der Lok der dabei entstehende Dampf verbraucht, bildet sich im Inneren des Druckkörpers sofort erneut Dampf, wenn auch mit etwas geringerem Druck. Auf diese Weise kann eine Dampfspeicherlokomotive mehrere Stunden eingesetzt werden, die Zylinder müssen aber wegen des abnehmenden Drucks relativ groß dimensioniert werden. Sie kommen wegen des begrenzten Aktionsradius' ausschließlich im Rangier- und Werksverkehr zum Einsatz. In Betrieben mit einem erhöhten Explosionsrisiko wie der chemischen Industrie oder dem Bergbau finden solche Lokomotiven häufig Verwendung, da sie eben feuerlos unterwegs sind. Auch für Unternehmen, die bei der Produktion große Mengen an Prozesswärme erzeugen, sind Dampfspeicherloks attraktiv, zumal die Lokomotiven wegen der gegenüber herkömmlichen Dampflokomotiven erheblich einfacheren Bauweise auch kostengünstig zu betreiben sind. Zurzeit sind in Deutschland noch 11 betriebsfähige Exemplare dieses Lokomotivtyps vorhanden, davon allein drei bei einem Kraftwerk in Mannheim.

www.niederlausitzer-museumseisenbahn.de/index.php/fahrplan

Lok Nummer 5 ist – deutlich sichtbar – keine „normale" Dampflok. Sie ist eine sogenannte Dampfspeicherlok. Der große Vorteil etwa in explosionsgefährdeter Umgebung ist deren „Feuerlosigkeit".

48 FICHTELBERG-BAHN

Zur „Sächsischen Dampfeisenbahngesellschaft" (SDG) gehört neben der Weißeritz- und der Lössnitzgrundbahn auch die heute Fichtelbergbahn genannte Schmalspurbahn von Cranzahl nach Oberwiesenthal im südwestlichen Erzgebirge.

Als zwischen 1866 und 1872 die normalspurige Strecke von Chemnitz über Annaberg-Buchholz und Weipert nach Komotau in Böhmen über den Kamm des Erzgebirges in Betrieb ging, sollte auch die Region um den Fichtelberg einen Bahnanschluss erhalten. Als Ausgangspunkt der Strecke wurde der Ort Cranzahl an der erwähnten Vollspurbahn ausgewählt. Von 1896 bis 1897 dauerten die Arbeiten an der 17,35 km langen 750-mm-Strecke, die von Cranzahl aus zum Ort Oberwiesenthal unterhalb des Fichtelbergs führte. Vom 19. Juli 1897 rollten die Züge auf der Schmalspurbahn, die zwischen Anfangs- und Endpunkt einen Höhenunterschied von 238 Metern überwinden musste. Zunächst kamen auf der Strecke wie auch auf anderen sächsischen Schmalspurstrecken die bekannten Tenderlokomotiven der Reihe IV K zum Einsatz, die gegen Ende der 1920er-Jahre leistungsfähigeren Maschinen der Reichsbahnreihe 99^{73-76} weichen mussten. Nach dem Zweiten Weltkrieg wurden dann Neubauten (Reihe 99^{77-79}) eingesetzt. Im Güterverkehr wurde der zunächst praktizierte Rollbockverkehr schon 1906 durch Rollwagen ersetzt. Auch der Personenverkehr entwickelte sich wegen des Ausflugsverkehrs zur Fichtelbergsregion gut, allerdings schmälerten in den 1930er-Jahren eingeführte parallele Buskurse die Einnahmen der Bahn. Der Aus-

EINGESETZTE DAMPFLOKOMOTIVEN

Lok	Baujahr	Achsfolge	Hersteller	Bemerkung
99 1741 (741)	1929	1´E 1´	Hartmann	Fabriknr. 4691
99 1772 (772)	1952	1´E 1´	Lokomotivb. Babelsberg	Fabriknr. 32011
99 1776 (776)	1953	1´E 1´	Lokomotivb. Babelsberg	Fabriknr. 32015
99 1785 (785)	1954	1´E 1´	Lokomotivb. Babelsberg	Fabriknr. 32026
99 1786 (786)	1954	1´E 1´	Lokomotivb. Babelsberg	Fabriknr. 32027
99 1793 (793)	1957	1´E 1´	Lokomotivb. Babelsberg	Fabriknr. 32034
99 1794 (794)	1956	1´E 1´	Lokomotivb. Babelsberg	Fabriknr. 32035

Im Bahnhof Cranzahl trifft die Fichtelbergbahn mit Lok 99 741 auf die normalspurigen Züge der Strecke Cranzahl – Chemnitz.

bruch des Zweiten Weltkriegs führte zu weiteren Einbußen, weil der Ausflugsverkehr zum Fichtelberg stark zurückging. Uranabbau in der Gegend von Bärenstein brachte der Bahn nach dem Krieg zunächst höhere Einnahmen. Mitte der 1960er-Jahre gab es Wirtschaftlichkeitsberechnungen, die aber zunächst nur die Schließung unbedeutender Gütertarifpunkte zur Folge hatten. Erst nach der Wende, im Jahr 1992, wurde der Güterverkehr komplett eingestellt.

Stilllegung ist heute kein Thema mehr

Nach Übernahme durch die neu gegründete Deutsche Bahn AG schien die Stilllegung der Strecke dann nur noch eine Frage der Zeit zu sein, dies änderte sich mit Übernahme der Bahn im Jahr 1998 durch die neu gegründete BVO Bahn GmbH, einer Tochtergesellschaft der BVO Verkehrsbetriebe Erzgebirge GmbH. Seit 2007 firmiert sie unter der Bezeichnung Sächsische Dampfeisenbahngesellschaft mbh (SDG) als Tochtergesellschaft von Regionalverkehr Erzgebirge und Verkehrsverbund Oberelbe. Nun wurde in die Eisenbahninfrastruktur investiert, u. a. entstand in Oberwiesenthal auch eine moderne Lokwerkstatt, in der alle von der SDG unterhaltenen Dampflokomotiven der drei sächsischen Schmalspurbahnen untersucht werden. Um die Nachfrage zu erhöhen, wurde außerdem ein auf touristische Belange zugeschnittenes Betriebskonzept entwickelt. Der aktuelle Fahrplan unterscheidet zwischen Haupt- und Nebensaison, wobei mit Nebensaison wenige Wochen in den Monaten März, April und November gemeint sind. In der Hauptsaison verkehren an Wochenenden sechs Zugpaare, unter der Woche ist es ein Zugpaar weniger, während in der Nebensaison lediglich drei Zugpaare auf der Strecke unterwegs sind.

www.fichtelbergbahn.de

49 MUSEUMSBAHN SCHÖNHEIDE

Gleich mehrere Rekorde beansprucht die ehemals im westlichen Sachsen gelegene Schmalspurbahn von Wilkau nach Carlsfeld. Sie war die erste in Sachsen eröffnete Schmalspurstrecke, gleichzeitig die längste 750-mm-Strecke und auch diejenige mit dem steilsten Anstieg im Streckenverlauf. Nach der Stilllegung befand sich in der an der Strecke gelegenen Stadt Kirchberg auch noch die älteste erhaltene Lokomotive der sächsischen Reihe IV K (Nr. 99 516), die aber 1983 leider verschrottet wurde.

Doch zunächst zu den Anfängen. Um der Stadt Kirchberg einen Bahnanschluss zu verschaffen, wurde am 16. Oktober 1881 zwischen Wilkau und Kirchberg eine Schmalspurbahn mit 750 mm Spurweite eröffnet. Schon im Folgejahr konnte am 30. Oktober 1882 die Strecke bis Saupersdorf verlängert werden. Ziel des Weiterbaus war das 535 Meter höher als Wilkau gelegene Carlsfeld. In zwei Bauabschnitten wurde dieses Vorhaben realisiert, allerdings sollte es noch 15 Jahre dauern, bis die insgesamt 41,9 Kilometer lange Strecke vollständig fertig gestellt werden konnte. Ab dem 14. Dezember 1893 fuhren Züge zwischen Saupersdorf und dem an der ehemaligen Normalspurstrecke von Aue nach Adorf gelegene Wilzschhaus. Dreieinhalb Jahre später war am 21. Juni 1897 die gesamte Strecke befahrbar. Nach anfänglichen Einsätzen der sächsischen Baureihe I K kamen schon ab 1893 Lokomotiven der Reihe IV K zum Einsatz, die der Strecke auch bis zur Stilllegung vor knapp 40 Jahren treu blieben. Wie die meisten schmalspurigen Eisenbahnen Sachsens hat diese Linie das Zeitalter der zunehmenden Motorisierung des Straßenverkehrs nicht überlebt. 1967 endete der Schienenverkehr zwischen Schönheide Süd und Carlsfeld sowie zwischen Kirchberg und Saupersdorf, sodass der Fahrbetrieb nun auf zwei unverbundenen Stichstrecken abgewickelt wurde. Drei Jahre später endete am 31. Dezember 1970 auch der Verkehr zwischen Saupersdorf und Rothenkirchen, am 2. Juni 1973 folgte der Abschnitt Wilkau-Haßlau – Kirchberg. Auf dem letzten verbliebenen Streckenabschnitt zwischen Schönheide Süd und Rothenkirchen wurde der letzte Personenzug am 27. September 1975 abgefertigt, der Güterverkehr hielt sich etwas länger und wurde in zwei Schritten beendet. Am 4. Februar 1976 fuhr der letzte Güterzug zwischen Stützengrün und Rothenkirchen und zwischen Stützengrün und

Schönheide Süd war am 30. April 1977 Schluss. In den beiden folgenden Jahren wurde die Strecke weitgehend abgebaut. Am 5. April 1991 wurde die Museumsbahn Schönheide/Carlsfeld e.V. Der Verein hat das Ziel, den 16,2 Kilometer langen Streckenteil von Stützengrün nach Carlsfeld wiederherzustellen. Schon 1994 konnte der Abschnitt zwischen Schönheide Mitte und Schönheide Nord in Betrieb genommen werden, in den Jahren bis 2001 wurde in Etappen der Abschnitt bis Stützengrün-Neulehn eröffnet. Ein Weiterbau nach Carlsfeld musste danach allerdings wegen Streitigkeiten im Verein zurückgestellt werden, daher beschränkt sich der Museumsbahnbetrieb heute auf die bisher fertiggestellten 3,3 Kilometer. Der Verein besitzt drei Dampflokomotiven der ehemaligen sächsischen Reihe IV K. 99 582 (betriebsfähig) wurde 1912 gebaut, erhielt im Jahr 2000 einen neuen Kessel und befindet sich seit dem 10. August 1992 im Vereinsbesitz. Zum selben Zeitpunkt gelangte die ebenfalls 1912 entstandene 99 585 zur Museumsbahn Schönheide. Älteste Lokomotive des Vereins ist die 1892 auch von Hartmann gebaute 99 516, die 1996 als Dauerleihgabe der Gemeinde Rothenkirchen der Museumsbahn überlassen wurde. Bei ihr steht eine Hauptuntersuchung an. Gefahren wird auf der Museumsbahn fast das ganze Jahr über an meist zwei Tagen im Monat. An den Fahrtagen werden zwischen Schönheide und Stützengrün-Neulehn jeweils sieben Zugpaare angeboten.

www.museumsbahn-schönheide.de

Gattung IV K – die Lok 99 516 ist eine Dauerleihgabe der Gemeinde Rothenkirchen.

50 PRESSNITZ-TALBAHN

Auf einem knapp acht Kilometer langen Teilstück der ehemaligen Schmalspurbahn von Wolkenstein nach Jöhstadt führt die IG Pressnitztalbahn schmalspurigen Museumsverkehr mit Dampfzügen durch.

Am 1. Juni 1892 wurde im Erzgebirge die gut 24 Kilometer lange schmalspurige Eisenbahn mit der Spurweite 750 mm von Wolkenstein nach Jöhstadt eröffnet. Knapp ein Jahr später kamen noch einmal 1,38 Kilometer bis zur böhmischen Grenze hinzu. Der von Anfang an wichtige Güterverkehr, seit 1911 mit Rollwagen durchgeführt, sicherte die Existenz der Strecke auch nach dem Zweiten Weltkrieg, weil ein Kühlschrankwerk in Niederschmiedeberg für hohes Frachtaufkommen sorgte. Trotzdem wurde Mitte der 1960er-Jahre die Stilllegung der Strecke ins Auge gefasst, da umfangreiche Sanierungsarbeiten anstanden. Wegen des bedeutenden Güteraufkommens auf dem Streckenabschnitt Niederschmiedeberg–Wolkenstein und fehlender Transportmöglichkeiten auf der Straße war an eine Umspurung dieses Streckenabschnitts bei gleichzeitiger Stilllegung der Reststrecke gedacht worden. Letztendlich investierte der Staat aber doch in den Ausbau der Straße und so endete zunächst der Güterverkehr auf dem besonders maroden Streckenstück zwischen Steinbach und Jöhstadt im Jahr 1982. Im Laufe des Jahres 1984 wurde der gesamte Personenverkehr eingestellt. So verblieb der Strecke nun nur noch der Kühlschranktransport von Niederschmiedeberg nach Wolkenstein, der sich bis zum Jahresende 1986 halten konnte; die Demontage der Gleisanlagen erfolgte bis 1989. Noch vor der Wende bildete sich eine IG Preßnitztalbahn die am 28. Oktober 1990 auf ihrer Hauptversammlung den Wiederaufbau eines Teils

EINGESETZTE DAMPFLOKOMOTIVEN

Lok	Baujahr	Achsfolge	Hersteller	Bemerkung
99 4511	1899	C	RAW Görlitz	ehem. Kreisbahn Rathenow-Nauen
99 1715	1927	E	Hartmann	Fabriknr. 4672
99 1542	1899	B´B´	Hartmann	Fabriknr. 2384
99 1568	1910	B´B´	Hartmann	Fabriknr. 3450
99 1590	1913	B´B´	Hartmann	Fabriknr. 3670

der ehemaligen Preßnitztalbahn im Abschnitt zwischen Jöhstadt und Schmalzgrube mit der Option auf Weiterbau bis Steinbach beschloss. Im Folgejahr konnten bereits zwei Dampflokomotiven des ehemaligen sächsischen Typs IV K von der Deutschen Reichsbahn käuflich erworben werden. Es handelte sich um die Loks 99 1542-2, die von der Kleinbahn Oschatz – Müglen – Kemmlitz stammte, und 99 1568-7, eine früher im Preßnitztal eingesetzte Maschine. Im Jahr 1992 gelangte mit 99 1590-1 eine weitere IV K in den Lokpark der Bahn. Inzwischen sind mit weiteren ehemaligen sächsischen Loks der Reihe IV K (99 1715-4, 99 1594-3), der letzten in der DDR 1966 gebauten Dampflok (99 4511-4), einer ehemaligen Heeresfeldbahnlok und einem Nachbau der ehemaligen sächsischen Reihe I K aus dem Jahr 2009 insgesamt acht Dampflokomotiven im Bestand. Der Aufbau der Gleise begann im Jahr 1992, drei Jahre später konnte bereits bis Schmalzgrube gefahren werden und im Jahr 2000 rollten die ersten Züge in den Bahnhof Steinbach ein. Gefahren wird ganzjährig an ausgewiesenen Fahrtagen auch im Winter, im Sommerhalbjahr von Mai bis Oktober immer samstags und sonntags. Eine Besonderheit bei der Preßnitztalbahn sind die Fahrtage mit Zweizugbetrieb. Während sonst mit einem Zug zweistündlich gefahren wird, verkehren an diesen Tagen zwei Züge zwischen 9 Uhr und 18 Uhr im Stundentakt.

www.pressnitztalbahn.de

Der Bahnhof Jöhstadt verfügt als ehemaliger Betriebsmittelpunkt der Preßnitztalbahn über die dafür nötige Infrastruktur. Dazu gehört auch ein dreiständiger Lokschuppen.

51 WEISSERITZTALBAHN SCHMALSPURDAMPF

2002 zerstörte ein verheerendes Hochwasser die Trasse der Weißeritztalbahn von Freital-Hainsberg nach Kipsdorf. Heute fahren die Dampfzüge wieder bis Dippoldiswalde, die Reststrecke bis Kipsdorf soll wieder aufgebaut werden.

Wenn man zu Fuß oder mit dem Rad – anders geht es nicht – den Streckenabschnitt zwischen Malter und Freita-Cossmannsdorf erkundet, muss man sich doch sehr wundern, dass die Strecke durch das Tal der Roten Weißeritz innerhalb von nur 26 Monaten hatte gebaut werden können. Eng bietet sich das Tal dem Besucher, Gleistrasse und Fußweg schmiegen sich an die steilen Hänge. Am 3. September 1883 wurde die Weißeritztalbahn zwischen Schmiedeberg und Kipsdorf im Osterzgebirge für den Verkehr freigegeben, nachdem am 1. November 1882 der Schienenverkehr zwischen Freital – Hainsberg an der Hauptstrecke Dresden–Chemnitz und Schmiedeberg aufgenommen worden war. Wie schwierig die topographischen Verhältnisse auf der 26,4 Kilometer langen Schmalspurbahn mit 750 mm Spurweite besonders im unteren Streckenteil zwischen Malter und Freital sind, mag man den Umständen entnehmen, dass 34 Brücken errichtet werden mussten und die Kurven einen Radius bis hinunter auf 50 Meter aufweisen. Ursprünglich war geplant, die Strecke bis zum Luftkurort Altenberg weiterzuführen, hohe Kosten verhinderten die Umsetzung. Bereits in den Anfangsjahren der Bahn war Hochwasser eine stetige Gefahr. Besonders das Hochwasser von 1897 verursachte enorme Schäden an den Brücken und der Trasse. Als Folge dieser Katastrophe suchte man nach Wegen, solche Schäden in Zukunft vermeiden zu können. Zwischen Dippoldiswalde und Malter wurde bis 1913 eine Talsperre gebaut, die eine Neutrassierung zwischen den Bahnhöfen Spechtritz und Dippoldiswalde erforderte. Die Neubaustrecke am

EINGESETZTE DAMPFLOKOMOTIVEN

Lok	Baujahr	Achsfolge	Hersteller	Bemerkung
99 1734	1929	1`E 1`	Hartmann	Fabriknr. 4681
99 1746	1929	1`E 1`	BMAG	Fabriknr. 9535
99 1771	1952	1`E 1`	Lokomotivb. Babelsberg	Fabriknr. 32010

östlichen Talhang verläuft weitgehend parallel zum Seeufer und konnte am 15. April 1912 ihrer Bestimmung übergeben werden. Ein weiterer Streckenabschnitt musste in der Ortslage Schmiedeberg verlegt werden, weil das gestiegene Güterverkehrsaufkommen durch Expansion einer Gießerei eine Ausdehnung der Bahnanlagen erforderte, die im Bahnhof Schmiedeberg nicht möglich war. Auf gut vier Kilometern Länge wurde deshalb die Weißeritztalbahn zwischen den Kilometern 18,980 (bei Obercarsdorf) und 23,117 (Buschmühle) am Talhang neu trassiert und 1924 in Betrieb genommen. Nicht nur die Industrie im Tal der Roten Weißeritz, auch der Tourismus sorgte für eine positive Entwicklung bei Fahrgästen und Gütertransporten. Der Wintersport auf den Höhen des Erzgebirges erforderte 1933/34 eine Erweiterung des Bahnhofs Kipsdorf. Die wachsende Nachfrage im Tourismusverkehr setzte sich nach den Nachkriegsjahren, in denen Rollmaterial beschädigt war oder als Reparationsleistung an die UdSSR abgegeben werden musste, in den 1950er-Jahren fort. Mitte der 1960er-Jahre plante die Regierung der DDR, alle Schmalspurbahnen der Republik stillzulegen und den Verkehr auf die Straße zu verlagern. Ein teilweises Umdenken zu Beginn der 1970er-Jahre brachte die Weißeritztalbahn auf eine Liste von sieben Schmalspurstrecken, die langfristig erhalten bleiben sollten. Nach der Wende 1989/90 war das Schicksal der Bahn ungewiss, eine Stilllegung konnte aber abgewendet weren. Betrieben wird die Weißeritztalbahn heute von der Sächsischen Dampfeisenbahngesellschaft. Die Dampfzüge verkehren als Regelzüge täglich, im Jahr 2014 wurden täglich sechs Zugpaare angeboten, je zwei morgens, mittags und am Spätnachmittag im Abstand von zwei Stunden.

www.weisseritztalbahn.com

Wildromantisch ist das Tal der Roten Weißeritz zwischen Freital-Cossmannsdorf und Malter. Nur ein Fußweg begleitet Fluss und Schmalspurbahn (17. April 2014).

52 LÖSSNITZGRUNDBAHN – DER „LÖSSNITZDACKEL“

Noch aus dem Kaiserreich stammen zwei Lokomotiven des sächsischen Typs IV K mit Mallet-Triebwerk, die vor dem sogenannten Traditionszug zwischen Radebeul Ost und Radeburg zum Einsatz kommen. Vor den Planzügen dampfen dagegen neuere, fünfachsige Maschinen mit der Achsfolge 1´E 1´.

Die nördlich von Dresden gelegen Stadt Radeburg war in der zweiten Hälfte des 19. Jahrhunderts mehrfach als Zwischenstation von Eisenbahnlinien im Gespräch. Sogar bei der Planung der Hauptstrecke von Berlin nach Dresden war eine Streckenführung über Radeburg im Gespräch. Am Ende reichte es aber nur für eine schmalspurige Nebenbahn, die mit einer Spurweite von 750 mm nach Konzessionierung im Jahr 1881 eröffnet wurde und von Radeburg aus über Moritzburg und den Lössnitzgrund nach Radebeul Ost an der Hauptstrecke Leipzig/Berlin – Dresden führte. Landwirtschaftliche Produkte waren zunächst wichtigstes Transportgut auf der 16,55 km langen Strecke. Der Personenverkehr konzentrierte sich wegen des einsetzenden Ausflugsverkehrs ins Moritzburger Teichgebiet weitgehend auf den Abschnitt Radebeul Ost – Moritzburg. Nach Übernahme der Bahn durch die Deutsche Reichsbahn sollte im Norden von Radeburg ein neuer Bahnhof entstehen, wo eine normalspurige weitere Bahnlinie geplant war, an die die Schmalspurstrecke angeschlossen werden sollte. Die zwei Kilometer lange Neubaustrecke zweigte kurz vor dem Bahnhof Radeburg von der bestehenden Linie ab. Nach provisorischer Inbetriebnahme wurden die Gleise bald wieder entfernt, da das Neubauprojekt in den 1920er-Jahren wieder aufgegeben wurde. Nach dem Zweiten Weltkrieg

EINGESETZTE DAMPFLOKOMOTIVEN

Lok	Baujahr	Achsfolge	Hersteller	Bemerkung
99 539	1899	B`B`	Hartmann	Fabriknr. 2381
99 1608	1921	B`B`	Hartmann	Fabriknr. 4521
99 1761	1933	1`E 1`	BMAG	Fabriknr. 10152
99 1762	1933	1`E 1`	BMAG	Fabriknr. 10153
99 1789	1957	1`E 1`	Lokomotivb. Babelsberg	Fabriknr. 132030

kam der Verkehr nur schleppend in Gang. An den Wochenenden wurden wegen des nun allerdings wieder einsetzenden Ausflugsverkehrs zusätzliche Zugpaare vorgesehen, die aber bereits zehn Jahre später wieder zur Disposition standen, als die Regierung der DDR die Stilllegung aller Schmalspurbahnen im Land verfügt hatte. Lediglich die schwierigen Straßenverhältnisse im Umfeld der Bahn verhinderten die schnelle Einstellung des Zugverkehrs. 1975 erfolgte schließlich der Beschluss, die Strecke als technisches Denkmal zu erhalten. Noch vor der Übernahme der Strecke durch die Deutsche Bahn im Jahr 1994 wurde aber der Güterverkehr eingestellt. Als 1998 die Stilllegung abermals drohte, sicherte der inzwischen gegründete Verkehrsverbund Oberelbe die Bestellung von Zugkilometern zu und die Sanierung der Strecke erfolgte aus Mitteln des Altlastenfonds des Bundes, worauf die DB von den Stilllegungsplänen Abstand nahm. 2004 wurde die inzwischen offiziell Lössnitzgrundbahn genannte Strecke zusammen mit der Weißeritztalbahn von der heute unter dem Namen Sächsische Dampfeisenbahngesellschaft (SDG) firmierende BVO Bahn GmbH aus Annaberg-Buchholz übernommen. Über eine Viertel Million Menschen ergriffen 2014 die Gelegenheit, mit der Dampfbahn den Lössnitzgrund zu befahren. Gefahren werden ganzjährig drei Zugpaare auf der Gesamtstrecke, von denen eines allerdings nur an Schultagen in Sachsen verkehrt. Vier weitere Zugpaare, eines davon nur zwischen Frühjahr und Herbst, werden zwischen Radebeul Ost und Moritzburg angeboten. Neben den auf den sächsischen Schmalspurstrecken meist anzutreffenden 1´E 1´-Maschinen, von denen jeweils ein Exemplar für einen Monat Dienst tut und dann abgelöst wird, kommt vor dem Traditionszug auch eine 1899 gebaute sächsische Lokomotive des Typs IV K im Lössnitzgrund zum Einsatz.

www.loessnitzgrundbahn.de

Bei Friedewald überqueren die Züge der Lössnitzbahn auf einem Damm die dortigen Teiche.

53 ZITTAUER SCHMALSPURBAHN

Im südöstlichsten Zipfel unseres Landes fährt die derzeit einzige Schmalspurbahn mit einem Abzweigbahnhof. Von der Stadt Zittau aus führt sie auf 750-mm-Spur in südwestlicher Richtung hinauf ins Zittauer Gebirge bis nach Bertsdorf. Hier verzweigt sich die Strecke in die Äste nach Kurort Oybin und Jonsdorf.

Bereits in den 1880er-Jahren kam in den Gemeinden des Zittauer Gebirges der Wunsch nach einer Eisenbahnanbindung auf, denn der Transport von Bau- und Brennstoffen, aber auch von Ausflüglern, die dort Erholung suchen wollten, war mit Pferdefuhrwerken kaum noch zu bewältigen. Obwohl im Königreich Sachsen in dieser Zeit der Grundsatz galt, dass Eisenbahnen vom Staat zu bauen seien, erteilte die Regierung die Genehmigung zum Bau einer schmalspurigen Eisenbahn von Zittau nach Oybin und Jonsdorf durch die Zittau-Oybin-Jonsdorfer Eisenbahngesellschaft (ZOJE). Die Inbetriebnahme für den öffentlichen Personen- und Güterverkehr erfolgte am 15. Dezember 1890. Die Strecke zweigte im Eröffnungsjahr noch auf dem Stadtgebiet Zittau von der bereits 1884 eingeweihten Schmalspurstrecke Zittau – Markersdorf ab und erreicht bei Kilometer 8,9 den Abzweigbahnhof Bertsdorf. Von hier aus geht es auch heute noch fast vier Kilometer weiter nach Jonsdorf oder in Richtung Oybin, das etwas über drei Kilometer entfernt liegt. Nach Übernahme durch die Sächsische Staatsbahn gab es Überlegungen, die Strecke zu elektrifizieren und auf Normalspur umzubauen. Dazu kam es zwar nicht, dafür wurde beschlossen, den Streckenabschnitt zwischen Zittau Vorstadt und Oybin wegen

EINGESETZTE DAMPFLOKOMOTIVEN

Lok	Baujahr	Achsfolge	Hersteller	Bemerkung
99 555	1908	B`B`	Hartmann	Fabriknr. 3208
99 1731	1928	1`E 1`	Hartmann	Fabriknr. 4678
99 1749	1928	1`E 1`	BMAG	Fabriknr. 9598
99 1758	1933	1`E 1`	BMAG	Fabriknr. 10149
99 1760	1933	1`E 1`	BMAG	Fabriknr. 10151
99 1787	1956	1`E 1`	Lokomotivb. Babelsberg	Fabriknr. 32025

des stark angestiegenen Wochenendausflugsverkehrs zweigleisig auszubauen. Vom 13. April 1913 an konnte dieser Streckenteil kreuzungsfrei befahren werden. Gleichzeitig wurden die älteren Schmalspurmaschinen durch leistungsfähigere des sächsischen Typs IV K abgelöst, was zu einer Beschleunigung des dichten Wochenendverkehrs führte. Genau wie der Personenverkehr nahm auch der Güterverkehr bis Ende der 1930er-Jahre zu. In den Anfangsjahren waren schmalspurige Güterwagen im Einsatz gewesen, die ein Umladen in Zittau erforderten, und deshalb später durch Rollböcke und Rollwagen ersetzt wurden. Der Zweite Weltkrieg beendete vorläufig die Erfolgsgeschichte der Bahn, bereits 1943/44 war das zweite Streckengleis zwischen Zittau und Oybin entfernt worden und in den ersten Jahren nach Kriegsende war auch an Ausflugsverkehr kaum zu denken, der erst nach Gründung der DDR allmählich wieder zunahm. Genau wie in der Bundesrepublik geriet die Bahn unter Konkurrenzdruck des Individualverkehrs und parallel angebotener Buslinien. Trotzdem überstand die Bahn auch Stilllegungspläne und wird heute von der Sächsisch-Oberlausitzer Eisenbahngesellschaft (SOEG) betrieben wird. Besuchen sollte man die Bahn in den im Fahrplan als Hauptsaison bezeichneten Zeiten, da dann wesentlich mehr Züge unterwegs sind.

www.soeg-zittau.de

Die in 402 Metern Höhe gelegene Haltestelle Jonsdorf prägen die hölzernen Bauten des alten Stationgebäudes (ganz rechts im Bild) und des vormaligen Stellwerks links daneben.

Österreich

54 BREGENZERWALDBAHN

Das Wälderbähnle ist der etwa sechs Kilometer verbleibende Rest der einstigen Schmalspurbahn zwischen der am Bodensee gelegenen Landeshauptstadt Vorarlbergs, Bregenz, mit dem in der Hochebene des Bregenzerwaldes liegenden Hauptort Bezau.

Da die wilde Gegend keine andere Verkehrsmöglichkeit zuließ, wurde Ende des 19. Jahrhunderts durch das enge Tal der Bregenzer Ache die schmalspurige und erstmals direkte Verbindung beider Orte geschaffen. Der Bau der k. k. priv. Vorarlberger Bahn zwischen Lindau und Bludenz ließ den Ruf nach einer Eisenbahnlinie laut werden, sodass 1891 erstmals ein Konsortium ein Ansuchen um die Bewilligung einer Schmalspurbahn von Bregenz nach Bezau beim zuständigen Ministerium in der Reichshauptstadt Wien vorbrachte. Der Spatenstich erfolgte am 7. September 1900, am 15. September 1902 erfolgte die Eröffnung der 35,3 Kilometer langen Strecke, die mit 1. Januar 1932 verstaatlicht wurde. Die Betriebsführung wurde den k.k. Staatsbahnen (KkStB) übertragen, die den Betrieb mit vier Dampflokomotiven der Reihe U (U.24 – U.27), sechs Personenwagen, zwei Gepäck- und Postwagen sowie 40 Güterwagen aufnahm. Weitere Lokomotiven folgten 1907 mit der U.36 sowie 1924 mit der Uv.7 (ex NÖLB Uv.3) in der Ausführung als Verbundmaschine sowie noch im selben Jahr mit der Uh.1 der Niederösterreichischen Landesbahnen (NÖLB) als eine bei Krauss gebaute U mit Heißdampfausführung. Sie blieb trotz guter Bewährung nur ein Einzelstück. Nachdem die Bundesbahnen Österreich (BBÖ) in den Jahren 1928 bis 1931 von Krauss wieder eine neue Heissdampf-Variante der U auslieferte, wofür die Bezeichnung Uh benötigt wurde, wurde das bisherige Einzelstück Uh.1 in Bh.1 (B für Bregenz) umgezeichnet und gemeinsam mit der Uv.7 nach deren Inbetriebnahme wieder aus Vorarlberg abgezogen. Der Dampfbetrieb mit den neueren Uh dominierte bis 1937, danach

EINGESETZTE DAMPFLOKOMOTIVEN

Lok	Baujahr	Achsfolge	Hersteller	Bemerkung
U.25	1902	C 1' n2t	Krauss Linz	ex ÖBB 298.25
Uh.102	1931	C 1' h2t	Krauss Linz	ex ÖBB 498.08

kamen neue Diesellokomotiven verschiedener BBÖ und ÖBB-Reihen bis zur entgültigen Einstellung der Schmalspurstrecke im Jahre 1983 zum Einsatz. Um die Strecke als Touristenattraktion zu erhalten, formierte sich im November 1985 der Verein Bregenzerwaldbahn-Museumsbahn mit dem Ziel, das zusammenhängende Teilstück von Bezau bis zur Haltestelle Schwarzenberg der Nachwelt zu erhalten und darauf einen Museumsverkehr abzuwickeln. Der Verein erwarb zunächst Feldbahn-Dieselloks, zwischen 1990 und 1992 kam die im Privateigentum befindliche Nicki S. (ex ÖBB 798.101) und ab 1993 die polnische Schlepptenderlok Px 48-1913 zum Einsatz. Der Verein übernahm ein Jahr zuvor die in Neulengbach aufgestellte U.25 als originale Wälderbahnlok, ließ diese in der Werkstätte der Zillertalbahn aufarbeiten und setzt sie seit 1993 im sommerlichen Bummelzugverkehr ein. 1995 wurde als zweite Dampflok die Uh.102 (ex ÖBB 498.08) von der Gurkthal-Museumsbahn übernommen und in der eigenen Werkstatt aufgearbeitet. Sie steht dem Verein seit 2001 zur Verfügung und ist abwechselnd mit der U.25 im Sonderzugeinsatz tätig. Der Verein bietet von Mitte Mai bis Ende Oktober an Wochenenden jeweils drei Sonderzugpaare an. Sämtliche Wochentagsleistungen (Dienstag und Donnerstag) werden mit den Diesellokomotiven 2091.008 bzw. 2095.13 abgewickelt. Am ersten Samstag im August findet der alljährliche Mehrzugbetrieb statt. Die aktuellen Daten bietet die Internetpräsenz.

www.waelderbaehnle.at

Die U.25 gehörte zur Anfangsausstattung der Bregerzerwaldbahn und wird heute vor leichteren Museumszugen eingesetzt. Hier wartet sie in Bezau auf ihre nächste Fahrt.

55 ACHENSEEBAHN – DIE ÄLTESTE ZAHNRADBAHN

Die Achenseebahn kann als einzige ihrer Art mit mehreren Besonderheiten aufwarten. Die Strecke wird zwar als Zahnradbahn bezeichnet, sie wird jedoch im Unterschied zur Schafberg- und Schneebergbahn als einzige, je zur Hälfte in einem gemischten Adhäsions- und Zahnstangenbetrieb geführt, zudem ist es die einzige Bergbahn, bei der das Zahnstangensystem Riggenbach verwendet wird.

Ein weiteres Highlight dieser Zahnradbahn ist der Umstand, dass auf der 6,8 Kilometer langen Strecke von Jenbach Achenseebahnhof bis zur Schiffstation am Achensee während der Sommermonate die aus der Gründerzeit stammenden vier Dampflokomotiven vor den Dampfzügen zum Einsatz kommen.

Der Bau der Achenseebahn geht auf das Jahr 1888 zurück. Noch im selben Jahr wurde das Berliner Bauunternehmen Soenderop & Co. mit dem Bau der 6,4 km langen Strecke beauftragt und nach nur sechsmonatiger Bauzeit konnte bereits am 6. Juni 1889 der Eröffnungszug von Jenbach zum Achensee rollen. Die Achenseebahn nimmt ihren Ausgangspunkt im nordöstlichen Teil des ÖBB-Bahnhofes Jenbach, welcher an der früheren Südbahnlinie Kufstein – Innsbruck – Brenner gelegen ist und wo südlich davon die Zillertalbahn angesiedelt ist. Die Bahn überwindet in dem unmittelbar nach der Ausfahrt beginnenden, 3400 Meter langen Zahnstangenabschnitt nach dem System Riggenbach bis einer Maximalsteigung von 160 Promille einen Höhenunterschied von 440 Metern. Die Zahnstange endet kurz vor dem Erreichen des Kreuzungsbahnhofes Eben, wo sich die bislang schiebende Dampflok nach dem Umsetzen an die Zugspitze setzt und den Zug dann in gezogener Traktion fortsetzt. Der Dampfzug verkehrt weiter auf der folgenden, ebenfalls rund 3400 Meter langen Adhäsionsstrecke, vorbei an der Ortschaft Maurach am Achensee und endet dann bei der Schiffsstation des

EINGESETZTE DAMPFLOKOMOTIVEN

Lok	Baujahr	Achsfolge	Hersteller	Bemerkung
1–4	1888/89	B zz n2t	Floridsdorf	Originale Loks

Die Lok 2 der Achenseebahn erreicht am 7. Juni 2014 mit ihren beiden offenen Vorstellwagen den Bahnhof Eben, um dann in den Zahnstangenabschnitt einzufahren.

Achensee am Endpunkt Seespitz. Wie eingangs schon erwähnt, gehören zum Inventar der mittlerweile bald 130 Jahre alten Zahnradbahn vier Dampflokomotiven der Wiener Lokomotivfabrik Floridsdorf, die allesamt Namen von Gönnern der Bahn tragen bzw. trugen. Die Lokomotiven mit den Nummern 1 bis 4 wickeln den gesamten Ausflugsverkehr ab, welcher täglich zwischen dem 1. Mai bis Ende Oktober jedes Jahr mit zumindest drei planmäßig und täglich verkehrenden Zugpaaren in Betrieb steht, die zwischen 11:00 Uhr und 16:00 Uhr verkehren. Die Hauptsaison erstreckt sich auf den Zeitraum von Ende Mai bis Anfang Oktober. Dann verkehren acht Zugpaare. Als Personenwagen stehen mehrere offene Personenwagen sowie ein Salonwagen zur Verfügung, von denen maximal zwei Wagen pro Zug herangezogen werden. Die Achenseebahn ist in den letzten Monaten in Turbulenzen geraten und kämpft ums Überleben, sodass derzeit Überlegungen bestehen, dieses besondere Kleinod in eine elektrische Bahnlinie mit Schweizer Gebrauchtfahrzeugen und Streckenverlängerung umzuwandeln.

www.achenseebahn.at

56 ZILLERTALBAHN – DAMPF IN TIROL

Der Dampfzugbetrieb auf der Zillertalbahn ist trotz aller Modernisierung und dem zweigleisigen Streckenausbau einschließlich des Halbstundentaktes weiterhin das Highlight dieser ganzjährig verkehrenden und nicht elektrifizierten Schmalspurbahn.

Die Gründung der Zillertalbahn geht auf das Ende des 19. Jahrhundert zurück, als die Zillerthalbahn Actiengesellschaft vom k. & k. Eisenbahnministerium 1899 die Konzession zum Bau einer Schmalspurbahn erhielt. Finanzielle Schwierigkeiten der Gesellschaft führten zu Verzögerungen beim Bau, sodass die heute etwa 32 km lange Strecke in Etappen verwirklicht wurde. Der erste 10,2 km lange Abschnitt zwischen Jenbach und Fügen-Hart ging am 20. Dezember 1900 in Betrieb, gefolgt von drei weiteren Streckeneröffnungen im Jahr 1901 und dem Erreichen des Endbahnhofes Mayrhofen am 31. Juli 1902. Je nach Fortschritt der Betriebsaufnahme wurden die Fahrzeuge beschafft. Die Zillertalbahn orientierte sich dabei an bereits bewährte Typen der KkStB, die bei Krauss in Linz beschafft wurden. Zum Zeitpunkt der Streckeneröffnung wurden zwei Lokomotiven der Reihe U (Lok Nr. 1 und 2) sowie die Lok Nr. 3 der Reihe Uv in Dienst gestellt. 1905 wurde der Bestand nochmals um eine leichte 1B-Lokomotive Nr. 4, die 1958 ausgemustert wurde, und um eine Lok Nr. 5 der Reihe Uh ergänzt. Der Dampfbetrieb dominierte bis Ende der 1920er Jahre. 1928 wurden erstmals Triebwagen und Diesellokomotiven mit Verbrennungsmotoren beschafft. Es folgten noch weitere Fahrzeuge dieser Traktionsform, welche die Dampfloks aus dem Regelbetrieb ablösten. Nach dem Ausscheiden der Lok Nr. 4 im Jahre 1958 gelangte die ehemalige SKGLB-Lok 22

EINGESETZTE DAMPFLOKOMOTIVEN

Lok	Baujahr	Achsfolge	Hersteller	Bemerkung
2	1900	C 1' n2t	Krauss Linz	Reihe U, verliehen an PLB
3	1902	C 1' n2t	Krauss Linz	Reihe Uv
4[3]	1909	D 1' h2	Krauss Linz	ex BHLB 83-076, Dauerleihgabe Club 760
5	1930	C 1' h2t	Krauss Linz	Reihe Uh
6	1916	B n2t	Krauss München	Hobby-Lok

zur Zillertalbahn und wurde dort unter selber Betriebsnummer in Zweitbesetzung eingesetzt, ehe sie dann im Bregenzerwald für die Dampfbummelzüge der Eurovapor Verwendung fand und 1987 an den Industriellen Walter Seidensticker verkauft wurde. Die Lok findet heute als Aquarius C auf der Rügenschen Kleinbahn in Putbus Verwendung. Als neue Lok 4 (in Drittbesetzung) gesellte sich Ende Januar 1994 die ehemalige bosnische 83-076 des Club 760 mittels eines langfristigen Mietvertrages zur Zillertalbahn. Die Leihlok übernahm den täglich verkehrenden Dampfbummelzug ins Tal, womit sich die bis dahin notwendigen Doppelbespannungen erübrigten. Die Lok 1 ist seit 1968 infolge eines Kesselschadens und Zylinderbruchs nicht mehr einsetzbar und wurde 1970 dem Tiroler Landesmuseum in Innsbruck als Denkmallok bis 1999 überlassen. Danach kehrte die Lok zur Zillertalbahn zurück und ist seit 2009 Denkmallok vor dem Heimatmuseum in Jenbach. Die Lok 2 ist an die Pinzgauer Lokalbahn vermietet. Für die Bespannung des Dampfzuges stehen derzeit die Lokomotiven 3 bis 5 zur Verfügung. Die Züge verkehren ab Sommer 2016 nur mehr von Mittwoch bis Sonntag von Jenbach nach Mayrhofen und retour. Zusätzliche Dampfzugtage werden auf der Homepage veröffentlicht. Die Fahrten mit dem Museumszug zwischen Mayrhofen und Kaltenbrunn-Stumm wurden im Herbst 2015 für immer eingestellt.

www.zillertalbahn.at

Die einzige Uh der Zillertalbahn, Lok 5, bespannte am 31. Juli 2015 den kurzen Dampfsonderzug D 211 bei Rotholz im Inntal von Jenbach nach Mayrhofen.

57 PINZGAUER LOKALBAHN

Die Pinzgauer Lokalbahn als ehemalige ÖBB-Schmalspurbahn erlebte seit 2008 durch die Übernahme der Salzburger Lokalbahn/Salzburg AG ein Revival und stand dennoch zuletzt durch etliche Hochwasserprobleme mehrmals vor dem Aus.

Die Pinzgauer Lokalbahn geht auf die 1896 erfolgte Gründung der Pinzgauer Localbahngesellschaft zurück, welche die Konzession zum Bau einer 52,7 km langen Lokalbahn vom Bahnhof Zell am See durch das langgestreckte Obere Salzachtal bis nach Krimml erhielt. Die Betriebsführung der „Krimmlerbahn" wurde bei Betriebsaufnahme am 2. Januar 1898 an die KkStB übertragen. 1906 ging die Strecke in das Eigentum des Staates über. Für die Betriebsführung der Schmalspurbahn standen nur kleine Dreikuppler-Dampfloks ohne Laufachse zur Verfügung, die im Nummernschema der KkStB als Reihe Z (= Zell am See) bei Krauss/Linz 1897/98 beschafft worden waren. Der stark zunehmende Personen- wie Güterverkehr führte die Loks rasch an ihre Leistungsgrenze, sodass 1918 Lokomotiven der Reihe U (= ÖBB-Reihe 298.0) heimisch wurden. Auch diese waren für den ab 1927 eingeführten Rollwagenverkehr zu schwach, weshalb ab 1928 als verbesserte Ausführung drei Lokomotiven der Reihe Uh (Uh.4 – Uh.6, spätere Reihe 498) als Heißdampfvariante beschafft wurden. Die Reihe Uh fiel durch den größeren Kessel auf. Auf der Pinzgauer Lokalbahn waren im Laufe ihrer Geschichte noch weitere Dampflokreihen im Einsatz, beispielsweise die Steyrtalloks der Reihe 298.100. Sie trugen bis zur ersten Hälfte der 1960er-Jahre die Hauptlast des Betriebsdienstes und wurden durch neugelieferte Dieselloks der Reihe 2095 abgelöst.

Tourismus und Dampf

Da das Pinzgau traditionell auch eine Tourismushochburg darstellt und die Region sehr vom Tourismus lebt, wurde im Jahr 1981 das Angebot von Dampfbummelzügen geschaffen. Es stand zunächst die ex-Heeresfeld-Schlepptenderlok 699.01 vom Club 760 sowie die 298.25 zur Verfügung. 1986 kam mit der 399.01 erstmals eine ehemalige Schlepptenderlok der Mariazellerbahn ins Pinzgau, die bis zum Fristablauf 2001 die Museumszüge an den Wochenenden schleppte, danach war die Z 6 des Club 760 im Einsatz. Der neue Eigentümer (SLB) setzt seit der Übernahme sehr auf den Tourismusverkehr in der Region.

Dampfbetriebener „Schnellzugverkehr" im Pinzgau anläßlich der Inbetriebnahme der bosnischen 73-019, die gemeinsam mit der Mh.3 bei Lendorf dem Flußlauf der Salzach folgt.

Die Pinzgauer Lokalbahn bietet donnerstags von Mitte Mai bis Anfang Oktober einen Dampfsonderzug an, dessen Verkehrstage während der Sommerferien auf Dienstag und Mittwoch ausgedehnt werden. Weitere Dampfsonderzüge verkehren alljährlich zur Advents- und Weihnachtszeit sowie während der Winterferien im Februar. Diese Züge werden entweder von der eigenen Mh.3 oder der seit Sommer 2015 angemieteten bosnischen 73-019 gezogen, darüberhinaus stehen noch die U.2 (= ZB Lok 2) und die 498.07 zur Verfügung, die derzeit in Krimml „versteckt" sind.

www.pinzgauer-lokalbahn-info • www.pinzgauerlokalbahn-club399.at.tf

EINGESETZTE DAMPFLOKOMOTIVEN

Lok	Baujahr	Achsfolge	Hersteller	Bemerkung
Mh.3	1906	D 2 h2t	Krauss Linz	ex ÖBB 399.03
73-019	1913	1 C 1 h2	Budapest	ex BHLB IIIb5 169 / JZ 73-019
U.2	1900	C 1' n2t	Krauss Linz	ex Lok 2 Zillertalbahn
Uh.7	1931	C 1' h2t	Floridsdorf	ex ÖBB 498.07

58 SALZKAMMERGUTBAHN (SKGB)

Das Salzkammergut und seine Bergwelt galten schon früh als Inbegriff der Sommerfrische, wobei nicht nur die sommerlichen Audienzen der Habsburger in Bad Ischl verantwortlich waren. Auch die bekannte Operette „Im Weißen Rößl" machten und machen St. Wolfgang und den Schafberg bekannt.

Zu Beginn der Fremdenverkehrszeiten kam ein neuer Beruf auf. Rund 30 „Sesselträger" trugen vornehme Herrschaften auf die Berge. Bald kam Konkurrenz auf. Um den Schafberg leichter erklimmen zu können, erhielten bereits 1872, also ein Jahr nach der Eröffnung der ersten europäischen Zahnradbahn auf den Rigi, zwei Privatpersonen eine Konzession zum Bau einer Zahnradbahn von St. Wolfgang auf die 1783 Meter hohe Schafbergspitze, die eine wunderbare Aussicht auf die Bergwelt des Salzkammergutes und zugleich den Ausblick auf acht Seen in der Region ermöglicht. Die Wirtschaftskrise von 1873 vereitelte zunächst den Bau. 1889 kam erneut Bewegung in die verkehrsmäßige Erschließung der Region. Die bayerische Lokalbahn AG (LAG) und das Bauunternehmen Stern & Hafferl einigten sich bezüglich der Errichtung einer schmalspurigen Bahnlinie von Salzburg nach Bad Ischl und der Zahnradbahn auf den Schafberg. Die Konzession zum Bau der Schafbergbahn erhielt Stern & Hafferl am 13. Januar 1890. Mit deren Bau wurde 1891 begonnen, Betriebsbeginn war am 1. August 1893. Sie war damals nach der normalspurigen Kahlenbergbahn in Wien (1874 eröffnet und 1922 eingestellt), der meterspurigen Gaisbergbahn (1887 eröffnet, 1928 eingestellt) und der Achenseebahn die vierte und gleichzeitig vorletzte österreichische Zahnradbahn. Sie überwindet einen Höhenunterschied von 1190 Metern und hat eine

EINGESETZTE DAMPFLOKOMOTIVEN

Lok	Baujahr	Achsfolge	Hersteller	Bemerkung
Z 1	1893	B 1 zzn2t	Krauss Linz	ex ÖBB 999.101
Z 4	1893	B 1 zzn2t	Krauss Linz	ex ÖBB 999.104
Z 6	1894	B 1 zzn2t	Krauss Linz	ex ÖBB 999.106
Z 11	1992	B 1 zzn2t	SLM	ex ÖBB 999.201
Z 12–14	1995	B 1 zzn2t	SLM	ex ÖBB 999.202 - 204

durchschnittliche Steigung von 200 Promille. Die 5860 Meter lange Strecke wies bei Betriebsaufnahme zwei Ausweichstationen auf (die jetzige Betreibergesellschaft SKGB ließ eine dritte errichten) und ist mit Zahnstangen nach dem System Abt versehen. Die Talstation liegt unmittelbar am Nordufer des Wolfgangsees, die Bergstation liegt unter dem Berghotel auf 1732 Meter Seehöhe. Die Schafbergbahn erhielt bei Betriebsaufnahme sechs Zahnradlokomotiven (Z 1 bis 6) mit einer Kesselneigung von 160 Promille. Für den Personentransport dienten eigens beschaffte Vorstellwagen. Wirtschaftliche Turbulenzen der SKGLB führten zum Verkauf der Zahnradbahn mit 30. November 1931 an das Österreichische Verkehrsbüro, welches die BBÖ als Betriebsführer beauftrage. 1939 erfolgte die Verstaatlichung durch die Deutsche Reichsbahn, nach 1945 verblieb die Bahn bei den ÖBB. Die ÖBB nahmen Mitte der 1960er-Jahre noch zwei SGP-Dieseltriebwagen sowie zu Beginn der 1990er-Jahre vier mit Dieselöl betriebene Pseudo-Dampfloks von SLM in Betrieb. Alle Fahrbetriebsmittel gingen 2006 an die frisch gegründete Salzkammergutbahn (SKGB), eine Tochtergesellschaft der Salzburg AG, über. Mit dem Betriebsübergang besann man sich der historischen Herkunft, sodass die noch betriebsfähigen Zahnradloks in ihren Originalzustand zurückversetzt wurden. Die Betriebssaison erstreckt sich von Ende April bis zum 26. Oktober und ist speziell auf den Touristen- und Ausflugsverkehr ausgerichtet. Während der Hochsommermonate (Sommerferien im Juli und August) verkehrt je nach Bedarf noch der historische Dampfzug auf den Aussichtsberg, welcher von der betriebfähigen Z 4 geführt wird.

www.schafbergbahn.at

Lok Z 11 auf Bergfahrt am Dietelbach-Viadukt

59 STEYRTAL-BAHN

Die Steyrtalbahn kann im Vergleich zu anderen Schmalspurbahnen mit einigen Besonderheiten aufwarten, wobei diese maßgeblich auf Forderungen der Heeresverwaltung der österreich-ungarischen Doppelmonarchie zurückzuführen sind.

Nachdem in den Ländereien von Bosnien und Herzegowina erste Schmalspurbahnen mit 760 mm Spurweite entstanden sind, bestanden die Militärbehörden auf die Einführung der „bosnischen" Spur im übrigen Reich. Die Steyrtalbahn wurde von der gleichnamigen Aktiengesellschaft errichtet und verlief großteils entlang des wildromantischen Flußlaufes der Steyr. Sie stellte Verbindungen zu den Normalspurstrecken der Kronprinzen-Rudolfsbahn und der Pyhrnbahn dar. Am 20. August 1889 wurde der erste Streckenteil eröffnet, denen weitere Teilstrecken in mehreren Etappen bis zum 26. Oktober folgten. Auf gleiche Weise erfolgte auch die Stillegung der Steyrtalbahn, deren vorzeitiges Ende wurde nach einer Gesteinsmure bei Haunoldmühle am 28. März 1980 eingeläutet, die Einstellung des restlichen Gesamtverkehrs erfolgte am 28. Februar 1982.

Die Betriebsführung oblag zunächst der Steyrtalbahn AG. Zur Abwicklung des Zugverkehrs wurden sechs nahezu baugleiche Lokomotiven mit den Nummern 1 – 6 beschafft. Nachdem Lok 1 im Jahr 1937 ausgemustert wurde, gelangten die übrigen fünf als 99.7831 bis 7835 zur DRB bzw. als 298.102 – 106

EINGESETZTE DAMPFLOKOMOTIVEN

Lok	Baujahr	Achsfolge	Hersteller	Bemerkung
298.102	1888	C 1' n2t	Krauss Linz	ex ÖBB 298.102
Nr. 6	1914	C 1' n2t	Krauss Linz	ex ÖBB 298.106
298.52	1898	C 1' n2t	Krauss Linz	ex ÖBB 298.52, abgestellt
298.53	1898	C 1' n2t	Krauss Linz	ex ÖBB 298.53, abgestellt
399.05	1908	D 2 h2t	Krauss Linz	ex ÖBB 399.05, Torso
498.04	1929	C 1' h2t	Krauss Linz	ex ÖBB 498.04
699.103	1944	D h2t	Franco Belge	ex ÖBB 699.103, abgestellt
764-007	1953	D n2t	Resita	„Draculin", abgestellt
170.4	1951	B n2t	Krauss Maffei	ex VOEST-Werklok

zur ÖBB, die zu Beginn der 1960er-Jahre ausgemustert wurden. Die Steyrtalbahn blieb aber ein Dampflok-Eldorado. Es folgten Einsätze der 598.01 (Reihe Yv) bis 1949 und der Reihe 798.0 (Heeresfeld-Lokomotiven) bis 1956. Die Reihe U (298.0) war zwischen 1942 und 1982 mit bis zu neun Loks vertreten, gefolgt von der Reihe Uh (ÖBB-Reihe 498) mit bis zu drei Maschinen und der ex-Heeresfeldlok 699.103 zwischen 1972 und 1982. Dass es heute auf der noch 17 Kilometer langen Reststrecke (Steyr Lokalbahnhof – Grünburg) einen musealen Dampfbetrieb gibt, ist der Österreichischen Gesellschaft für Eisenbahngeschichte zu verdanken, die die Strecke übernahm. Der Saisonstart ist jährlich am 1. Mai – an allen Wochenenden von Anfang Juni bis Anfang Oktober sowie während der Adventszeit und am Silvestertag und einzelnen Feiertagen wird gefahren. Für den Betrieb stehen mehrere Dampflokmotiven zur Verfügung wie die 298.102 als älteste erhaltende Schmalspurlok Österreichs oder die im Ablieferungszustand befindliche Nr. 6 „Klaus“ und die 498.04 als ehemalige Vertreterin der Reihe Uh. Abgestellt sind die rumänische Waldbahnlok 764.007 „Draculin“, die 298.52 und 53 sowie die 399.05 und die 699.103. Der Fahrbetrieb findet ab Grünburg zwischen 08:00 und 18:30 Uhr mit drei Zugpaaren im Sommerfahrplan oder zwischen 07:40 und 20:00 Uhr mit bis zu sechs Zugpaare im Winterfahrplan statt.

www.steyrtalbahn.at, www.oegeg.at

Die älteste, betriebsfähigste Schmalspurlok Österreichs, Lok 2 oder ex ÖBB 298.102 erreicht am 18. Juli 2015 mit ihrem gemischten Museumszug die Haltestelle Neuzeug.

60 YBBSTALBAHN (ÖGLB)

Die Museumsbahn ist heute der letzte verbleibende Rest einer einstmals 71 km langen Schmalspurstrecke von Waidhofen an der Ybbs nach Kienberg-Gaming.

Die im Eigentum der Österreichischen Gesellschaft für Lokalbahnen befindliche NÖLB – NÖ Lokalbahnen Historische Sammlung GmbH – ist wiederum Eigentümerin und Betreiberin des landschaftlich schönsten Teils der Ybbstalbahn. Die aktuelle Situation im Mostviertel zeitigt eine zweigeteilte Ybbstalbahn: Waidhofen an der Ybbs – Gstadt wird als etwa fünf Kilometer langer Rumpfbetrieb unter dem Markennamen Citybahn geführt. Die Strecken nach Ybbsitz und nach Göstling wurden abgetragen. Die vom sanften Tourismus geprägte Region wurde damit um wertvolle Infrastrukturen dauerhaft beraubt. Der zweite Inselbetrieb erstreckt sich einerseits auf die 17 Kilometrer lange Bergstrecke zwischen Lunz am See und Kienberg-Gaming, auf welcher seit Juni 1988 kein Planverkehr existiert, und den von der NÖVOG seit dem Jahr 2012 angemieteten Talabschnitt Lunz am See – Göstling an der Ybbs, was in Summe 26 Kilometer ergibt.

Die Ybbstalbahn wurde von einer gleichnamigen Gesellschaft in Etappen errichtet. Der erste Abschnitt von Waidhofen an der Ybbs nach Großhollenstein wurde am 15. Juli 1896 eröffnet, gefolgt vom Abschnitt Großhollenstein – Lunz am See am 15. Mai 1898 sowie der Bergstrecke am 12. November selben Jahres. Am 9. März 1899 folgte noch die 5,7 km lange Zweigstrecke von Gstadt nach Ybbsitz. Mit der Betriebsführung wurde auch hier die KkStB beauftragt. Zur Anfangsausstattung der Ybbstalbahn zählten drei C 2' n2vt-Tenderlokomotiven mit Naßdampf-Verbundtriebwerken, die als Reihe Yv (Y = Ybbstalbahn, spätere ÖBB-Reihe 598) geführt wurden. Die mangelnde Bewährung der Loks trotz des Umbaues der im Außenrahmen-Drehgestell gelagerten Laufachsen führte folglich zur Indienststellung der bewährten Reihe U, zudem gesellten sich noch Loks der

EINGESETZTE DAMPFLOKOMOTIVEN

Lok	Baujahr	Achsfolge	Hersteller	Bemerkung
U.1	1898	C 1' n2t	Krauss Linz	ex ÖBB 298.51
Uv.1	1902	C 1' n2vt	Krauss Linz	ex ÖBB 298.205

Reihen Bh (398), Uh (498) und T (199) nach Waidhofen an der Ybbs. Bereits in den 1930ern hielt die Dieseltraktion im Ybbstal Einzug, zum Einsatz gelangten zwei interessante Einzelstücke (spätere ÖBB-Lok 2090.01 und 2093.01), denen nach dem Zweiten Weltkrieg weitere Typen folgten. Der Dampfbetrieb blieb noch bis 1966 aufrecht und war in der Hand der ÖBB-Reihen 298.200, 398, 498 und 598 sowie nur ganz kurzzeitig 1955/56 von der 798.101 und zwischen 1962 und 1966 von der Reihe 698, wobei bis in die erste Hälfte der 1960er-Jahre der Dampflokbestand zwischen acht und zehn Maschinen versus drei Dieselloks betrug. Nach der Verdieselung der Bahnlinie verblieb die 598.02 noch bis 1973 im ÖBB-Betriebsbestand und wurde an den Club 598 veräußert, der die Lok nach erfolgter Aufarbeitung ab 1979 als Yv.2 bezeichnete. Als die ÖBB-Nostalgieabteilung im Jahr 1997 die 399.03 auf die Ybbstalbahn zur Abwicklung der Sonderzüge umsetzte, wurde die 598.02 auf der Bergstrecke eingesetzt. Der Museumsbetrieb auf der Bergstrecke existiert seit 1990 und wird durch den in Kienberg-Gaming ansässigen Verein durchgeführt. Der NÖLB stehen neben mehrerer Dieselloks auch zwei Dampflokomotiven mit Bezug zur Bahnlinie zur Verfügung. Einsatzfähig ist derzeit nur die Uv.1, die nach genau festgelegten Fahrtagen gemäß im Internet veröffentlichen Fahrplan eingesetzt wird. Der Verein führt alljährlich zwischen Pfingsten und Ende Oktober an Wochenenden mehrere Sonderzüge über die landschaftlich reizvolle Gegend mit seinen beiden Trestlework-Brücken. Die zweite Dampflok ist die U.1, deren Aufarbeitung ab 2016 ansteht.

www.lokalbahnen.at/bergstrecke

Gemächlich dampft die Uv.1 mit alten Zweiachser-Personenwagen über die Bergstrecke bei Pfaffenschlag, dem Scheitelpunkt der Strecke, entgegen.

61 WALDVIERTEL – DAMPFLOKMEKKA

Die beiden Schmalspurstrecken im Waldviertel sowie die Zugförderungsstelle Gmünd (NÖ) galten über Jahrzehnte als die Dampflokhochburg im Schmalspurnetz der ÖBB, waren doch die dort eingesetzten Maschinen sehr lange im Planbetrieb.

Nach wie vor kommt dem Schmalspurnetz im Waldviertel mit seinem Nordast nach Litschau und seinem Südast nach Groß Gerungs eine große Bedeutung zu. Nachdem die ÖBB die gesamten Anlagen zum Fahrplanwechsel 2010 an die NÖVOG – Niederösterreichische Verkehrsorganisationsgesellschaft m.b.H übergeben haben, wurde dort zumindest für die Sommermonate ein abwechslungsreicher Mischbetrieb mit den historischen Diesellokomotiven V 5 (ex ÖBB 2095.05) und V 12 (ex ÖBB 2095.12) sowie den gold-grau lackierten Dieseltriebwagen ex ÖBB 5090 etabliert.

Die Geschichte des Streckennetzes geht auf das Ende des 19. Jahrhunderts zurück. Betriebsmittelpunkt war ursprünglich der tschechische Nachbarort České Velenice, die Grenzziehung nach 1918 machte die Neutrassung einzelner Streckenteile am Nordast notwendig. Für den Bau und Betrieb der drei Linien zeichnete sich die Niederösterreichische Waldviertelbahn AG verantwortlich. Als erste Strecke wurde die 25,3 Kilometer lange Bahnlinie von Gmünd nach Litschau sowie die 13 Kilometer lange Zweiglinie von Alt Naglberg nach Heidenreichstein (heute im Eigentum des Waldviertler Schmalspurvereins) in Betrieb genommen. Die Fertigstellung des Netzes erfolgte dann am 1. März 1903, als der 43 Kilometer lange Südast in Betrieb ging. Die Strecken verlaufen durch landschaftlich reizvolle Gegenden, am Südast wird die Wasserscheide zwischen Donau und Moldau über den „Kleinen Semmering" überwunden. Für den Betrieb wurden vier Lokomotiven der bewährten Reihe U sowie zwei Verbund-

EINGESETZTE DAMPFLOKOMOTIVEN

Lok	Baujahr	Achsfolge	Hersteller	Bemerkung
Mh.1	1906	D 2 h2t	Krauss Linz	ex ÖBB 399.01
Mh.4	1906	D 2 h2t	Krauss Linz	ex ÖBB 399.04
Mh.6	1908	D 2 h2t	Krauss Linz	ex ÖBB 399.06

Der Weitraer Viadukt zählt zu den imposantesten Kunstbauten der Strecke Gmünd – Groß Gerungs, auf dem die Mh.6 am 15. Mai 2013 ein Gastspiel für eine Reisegruppe gibt.

lokomotiven der Reihe Uv beschafft. Die Betriebsführung lag bei den Niederöstereichischen Landesbahnen und ab 1921 bei der BBÖ. 1940 fand die Verstaatlichung des Netzes durch die Deutsche Reichsbahn statt. Obwohl während des Zweiten Weltkrieges erstmals Dieselloks eingesetzt wurden, denen in den 1960er-Jahren die neuere Type 2095 folgte, konnte sich die Dampftraktion bis zur Einstellung des Güterverkehres und im Nostalgieverkehr behaupten. Neben den Lokomotiven der Reihe Uv (ÖBB-Reihe 298.200) und sechs Vierkuppler-Stütztenderlokomotiven der Reihe Mh (ÖBB-Reihe 399) gesellten sich im Laufe der Jahre auch besondere Typen dazu, wie sächsische IVk, aber auch Lokomotiven der ÖBB-Reihen 398 (ex Bh), 498 (Uh), 598 (Yv), 199 (T) sowie die 299 (Mv) und ex-Heeresfeld-Dampflokomotiven während der 1960er-Jahre. Die NÖVOG setzt aktuell ihre Lokomotiven der Reihe 399 in Gmünd ein, und zwar die Mh.1 (ex 399.01) und die 2015 aufgearbeitete Mh.4 (399.04). Die Dampflokomotiven verkehren am 1. und 3. Wochenende im Monat ein. Der Südast (Gmünd – Groß Gerungs) wird an jedem 1. und 3. Samstag im Monat von Mai bis Oktober befahren. Der Sonntag ist dem Nordast vorbehalten, dort verkehren die Dampfzüge an jedem 1. und 3. Sonntag der Monate Juni bis September. An allen anderen Betriebstagen regiert die Dieseltraktion.

www.noevog.at

62 CLUB MH.6 – MARIAZELLERBAHN

Der Dampflokbetrieb auf der einzigen, elektrifizierten Schmalspurbahn Österreichs, der bekannten Mariazellerbahn, hat heutzutage nur mehr eine geringe Bedeutung. Dies war nicht immer so, denn die ersten Betriebsjahre der Mariazellerbahn waren ausschließlich vom Betrieb mit verschiedenen Dampfloktypen geprägt.

Mariazell, seit 1266 urkundlich erwähnter Wallfahrtsort, war für viele Pilger während Monarchie wichtiges Ziel, sodass der ansonsten beschwerliche Weg durch den Bau einer gut 90 Kilometer langen Schmalspurbahn durch das Pielachtal und im niederösterreich-steirischen Alpenraum rund um dem Ötscher eine wesentliche Erleichterung darstellte. Die Realisierung nahm jedoch fast zehn Jahre in Anspruch und erfolgte in drei Etappen. Für den Betrieb der doch sehr anspruchsvollen Bahnlinie wurden neben Komarek-Triebwagen unterschiedliche Dampfloktypen beschafft. Das Verkehrsaufkommen war enorm und stellte die Betreiber der Niederösterreichischen Landesbahnen (NÖLB) vor Herausforderungen. Stärkere Dampflokomotiven wurden notwendig.

Auf der Suche nach der richtigen Lok

Ing. Josef Fogowitz lud daraufhin mehrere Lokomotivfabriken ein, Vorschläge für eine leistungsfähige Dampflokomotive einzureichen, die den Anforderungen der Bergstrecke am besten entsprechen sollte. Der am meisten zusagende Entwurf stammte von der Lokfabrik Krauss & Co in Linz. Krauss schlug eine Stütztenderlokomotive vor, deren Vorteil war, dass die Betriebsstoffe auf einem eigens mitgeführten Tender lagerten und die Lokomotive zur Gänze als Reibungsgewicht wirkt. Krauss fertigte zunächst vier Heißdampflokomotiven der Reihe Mh (M = Mariazell, h = Heißdampf, spätere ÖBB-Reihe 399) und zwei Verbundlokomotiven der Reihe Mv (spätere ÖBB-Reihe 299). Beide Serien wurden 1906 bzw. 1907 in Betrieb genommen, wobei sich die Heißdampfmaschinen besser bewährten. 1908 kam es zum Folgeauftrag über zwei weitere Mh. Alle sechs Lokomotiven gelangten nach der Betriebsübergabe der NÖLB zur BBÖ und zur Deutschen Reichsbahn und waren sodann im ÖBB-Bestand als 399.01 – 06 zu finden. Die Loks wurden nach der Streckenelektrifizierung anderen Strecken zugewiesen. Der aufkommende Museumsverkehr führte dazu, dass sich der in Obergrafendorf ansässige Verein Club Mh.6 um die

399.06 verdient machte und die Lok noch während der ÖBB-Zeiten in den Ursprungszustand zurückversetzte. Die Lok gehört seit 2012 der Nachfolgegesellschaft NÖVOG – Niederösterreichische Verkehrsorganisationsgesellschaft m.b. und wird vom Club Mh.6 weiterhin mustergültig betreut und eingesetzt. Sie wird jährlich mehrmals in der Plantrasse des „Ötscherbären" eingesetzt und bespannt dabei historische Personenwagen. Die Verkehrstage sind einmal monatlich von Mai bis Mitte Oktober und traditionell auch am 8. Dezember (Maria Empfängnis). In Mariazell wird die Lok für die Rückfahrt gedreht, zugleich haben dort die Reisenden die Möglichkeit, die Lok nicht nur aus der Nähe zu bestaunen, sie können diese zudem ungestört fotografieren. Im Anschluss daran würde sich noch eine Fahrt mit der am Bahnhof Mariazell angrenzenden Museumstramway Mariazell zum Erlaufsee anbieten.

www.mh6.at, www.noevog.at

In flotter Fahrt auf der ebenen Talstrecke befindet sich die Mh.6 mit ihrem Dampfsonderzug am 14. Juni 2015 zwischen Ober Grafendorf und Klangen.

63 SCHNEEBERGBAHN – HOCH HINAUF

Die niederösterreichische Schneebergbahn ist die dritte noch aktive und die letzte in Österreich gebaute Zahnradbahn der Alpenrepublik. Die Bedeutung dieser Zahnradbahn ergibt sich vor allem aufgrund der Nähe zur damaligen Reichshauptstadt Wien.

Der Bau der Zahnradbahn auf den 2075 Meter hohen Schneeberg ist auf Überlegungen des 19. Jahrhundert zurückzuführen und wurde nach der Fertigstellung der Lokalbahnstrecke von Wiener Neustadt nach Puchberg neu angefacht und 1895 und 1897 mit dem Zahnstangensystem Abt in zwei Etappen realisiert. Der erste Abschnitt beginnt in Puchberg auf 577 Meter Seehöhe und endet an der Ausweiche Baumgartner auf 1397 Meter Seehöhe und wurde am 1. Juni 1897 eröffnet. Das verbleibende, ca. zwei Kilometer fehlende Reststück bis Bahnhof Hochschneeberg, auf 1795 Meter Seehöhe gelegen, der von der NÖSBB – Niederösterreichischen Schneebergbahn GmbH in nördlicher Richtung verlängert wurde, ging am 25. September 1897 in Betrieb. Die Streckenlänge betrug 9,699 km, heute sind es 9,851 km, bedingt durch die Streckenverlängerung am Hochschneeberg. Der Bau der Strecke geht ursprünglich auf die Baufirma Arnoldi zurück. Sie hatte zunächst auch die Betriebsführung. Finanzielle Turbulenzen führten zur Übergabe dieser Funktion mit 26. November 1898 an die Gesellschaft Eisenbahn Wien – Aspang (EWA). Im 20. Jahrhundert kam es zweimal zu Änderungen in den Besitzverhältnissen. Die Strecken und Anlagen der EWA fielen 1937 an die BBÖ, welche später in der Deutschen Reichsbahn und nachfolgend in den ÖBB aufging. Der Betrieb der stark defizitären Bahnlinie wurde danach an die neu geschaffene NÖSBB übertragen. Die Gründung der NÖSBB hatte zum Ziel, die stark einstellungsgefährdete Bahnlinie auf neue, gesunde und nachhaltige „Beine" zu stellen. Zum 100. Geburtstag der Zahnradbahn wurde die Modernisierung durch die Anschaffung von drei Salamander-Triebwagen verkündet, die seither die Haupt-

EINGESETZTE DAMPFLOKOMOTIVEN

Lok	Baujahr	Achsfolge	Hersteller	Bemerkung
999.0	1897	B 1 zzn2t	Krauss Linz	ex ÖBB 999.01 - 05

last des Ausflugs- und Tourismusverkehres während der Betriebssaison von Ende April bis Ende Oktober tragen. Damit endete gleichzeitig der bis dahin dominierende Ausflugsverkehr mit Dampflokomotiven, wofür fünf Lokomotiven aus der Gründerzeit sowie doppelt so viele Vorstellwagen zur Verfügung standen. Die fünf originalen Schneebergbahnlokomotiven entsprechen bis auf die Kesselneigung von 120 Promille den Schafbergloks und wurden ebenso bei Krauss in Linz in den Jahren 1896/97 gebaut. Bei den ÖBB wurden die Maschinen als 999.01 bis 05 geführt. Der Ausflugsverkehr auf der Schneebergbahn wurde lange Zeit mit den Dampflokomotiven und zwei Vorstellwagen, die bis zu 100 Personen fassen konnten, durchgeführt. Heute existiert nur mehr ein bescheidener Nostalgieverkehr, welcher während der Sommerferien zwischen Anfang Juli und Anfang September jeden Jahres an Sonn- und Feiertagen angeboten wird, wobei die Fahrzeit mit dem Nostalgiezug mit 94 Minuten bergwärts und einer Stunde talwärts gegenüber 77 und 56 Minuten zum damaligen Planbetrieb wesentlich länger dauert. Im Vergleich dazu nimmt die Fahrzeit in der Salamander-Garnitur nur 40 Minuten in Anspruch.

www.schneebergbahn.at, www.noevog.at

An einem goldenen Oktobertag ist Lok 999.01 unterwegs zurück ins Tal.

64 DIE OSTSTEIRISCHE FEISTRITZTALBAHN

Die Oststeiermark gilt als liebliche Urlaubs- und Industrieregion gleichermaßen und hat dem Besucher viel zu bieten.

Weiz ist der zentrale Mittelpunkt für die normalspurige Strecke Weiz – Gleisdorf mit Anschluß an die Steirische Ostbahn sowie die in Fortsetzung dazu nur schmalspurig ausgeführte Strecke von Weiz nach Birkfeld und weiter nach Ratten. Der erste 23,9 Kilometer lange Teil wurde am 15. Dezember 1911 eröffnet, die Verlängerung bis zum 18 Kilometer entfernten Endpunkt in Ratten erfolgte zum 27. Dezember 1921. Die Strecke war zunächst nur als Schleppbahn ausgeführt und diente lediglich zum Abtransport der geförderten Braunkohle. Die Aufnahme des Personenverkehrs erfolgte nach dem Ausbau der Strecke am 1. Juni 1930. Die Bahnlinie weist gerade im unteren Verlauf zahlreiche Kunstbauten auf. Die Betriebsführung oblag zuerst der Staatsbahn und ging ab dem 1. Juli 1921 an die Steiermärkische Landesbahnen (StLB) über. 2015 wurde eine weitere Änderung der Eigentumsverhältnisse eingeläutet, nachdem die Landesbahn den Abschnitt Oberfeistritz – Birkfeld bereits der Feistritztalbahn Betriebsgesellschaft (FTB) übergeben hatte. Der untere Abschnitt zwischen Weiz und Oberfeistritz samt der Werkstättenanlagen wird nach dem Willen der Landespolitik an die Betreiber der Museumsbahn übertragen, womit wiederum auf der gesamten Länge die beliebten Bummelzüge verkehren können.

Das Eisenbahngeschäft ist mitunter schwierig

Der Betrieb auf der Schmalspurstrecke war seit der Eröffnung von einem Auf und Ab gekennzeichnet. Mit der Schließung des Bergwerkes bei Ratten im Jahre 1961 musste die Bahnlinie einen ersten Tiefpunkt erleben. Der Güterverkehr reduziert sich um ein Drittel, gleichzeitig wurde der Personenverkehr sukzessive

EINGESETZTE DAMPFLOKOMOTIVEN

Lok	Baujahr	Achsfolge	Hersteller	Bemerkung
U.8	1899	C 1' n2t	Krauss Linz	ex StLB U.8
Kh.101	1926	E h2t	Krauss Linz	ex StLB Kh.101
83-180	1949	D 1 h2	Duro Dakovic	ex JZ 83-180

Doppeltraktion auf der Feistritztalbahn: Die 83 180 und die Kh.101 ziehen am 11. Oktober 2014 einen langen Bummelzug über den Grubviadukt.

ausgedünnt. Dieser wurde zum 1. September 1969 im Abschnitt Birkfeld – Ratten bzw. mit 2. Juni 1973 auf dem Reststück bis Weiz eingestellt, gefolgt von der Einstellung des Güterverkehr zwischen Birkfeld und Ratten zum 1. Juli 1980. Der restliche Steckenabschnitt steht für den Güterverkehr im unteren Abschnitt für das in Oberfeistritz angesiedelte Talkumwerk zur Verfügung, zudem werden von der Feistritztal-Betriebsgesellschaft während der Sommermonate Dampfbummelzüge angeboten. Der Gesellschaft stehen die Dampflokomotiven Kh.101, drei Lokomotiven der Reihe U (7, 8 und 44) sowie die aus Bosnien erworbene 83-180 zur Verfügung. Hinter der Kh.101 versteckt sich eine von drei bei Krauss in Linz gebaute Lokomotiven, von denen zwei zur Landesbahn gelangten und die erste davon für die Vellachtalbahn bestimmt war und mit der neuen Reihenbezeichnung 499 zur ÖBB kam. Die Fünfkuppler-Naßdampfmaschine hat eine Höchstgeschwindigkeit von 25 km/h und erbringt eine Leistung 300 PS, die drei kleinen Tenderlokomotiven der Reihe U bringen es nur auf eine Leistung von rund 200 PS . Derzeit ist lediglich die U.8 betriebsbereit. Durch die Streckensperre zwischen Weiz und Oberfeistritz wird zur Zeit nur nach einem provisorischen Fahrplan gefahren. Der Nostalgieverkehr wird regulär von Anfang Juni bis Ende Oktober angeboten.

www.club-u44.at, www.feistritztalbahn.at

65 FLASCHERLZUG IM WEINPARADIES

Der Höllerhansl, ein Kurpfuscher, ließ in den 1920er-Jahren die Menschen glauben, er könne aus der Farbe des Urins Krankheiten erkennen. Daher fuhren viele Menschen mit entsprechen gefüllten Flaschen mit dem Zug, der seinen Namen weg hatte.

Die Aufgabe des Lokalbahnverkehres durch die Steiermärkische Landesbahnen, die Neuordnung der Bahnhofseinfahrt einschließlich des Baues einer geeigneten Umkehrmöglichkeiten in Preding-Wieselsdorf und die Übernahme der gesamten Infrastrukturanlage durch die Marktgemeinde Stainz machte den Weg frei, den „Flascherlzug" auf neue Beine zu stellen. Für das umfangreiche Nostalgieangebot des „Flascherlzugs" stehen mehrere Diesellokomotiven sowie die seit dem Jahr 1999 in Rumänien erworbene Waldbahnlok 764.411 R zur Verfügung. Darüberhinaus wurden und werden auf der Strecke immer wieder Gastlokomotiven eingesetzt. Der Flascherlzug verkehrt von Ende April bis Mitte November jeweils mittwochs, samstags und sonntags in der Zeit zwischen 15:00 Uhr und 17:00 Uhr sowie ab Mitte August zusätzlich jeden Freitag. Ein Vormittagszugpaar zwischen 10:00 Uhr und 12:00 Uhr wird an den Wochenenden im September und Oktober geführt.

www.flascherlzug.at

Die ehemalige Waldbahnlok 764.411R durchfährt zwischen Preding-Wieseldorf und Kraubath in der Weststeiermark eine Waldlichtung des von Landwirtschaft geprägten Schilcherland.

66 ZWISCHEN WIESEN – DIE MURTALBAHN

Im Murtal entstand gegen Ende des 19. Jahrhunderts als Verlängerung der bereits bestehenden Kronprinzen-Rudolfsbahn die 76,1 Kilometer lange Strecke (Unzmarkt – Mauterndorf, heute Tamsweg) entlang des Oberlaufes der Mur.

Die schmalspurige Murtalbahn schlängelt sich dem Lungau entgegen. Die Errichtung geht auf die Aktiengesellschaft Murtalbahn Unzmarkt – Mauterndorf zurück, die am 7. April 1893 die Konzession für die Errichtung erhielt und die Bahnlinie bereits am 9. Oktober 1894 eröffnete. Bei Betriebsaufnahme wurden mehrere Tenderlokomotiven von Krauss der Reihe U (U = Unzmarkt; U.8 bis U.11) beschafft, denen 1926 die leistungsfähige Kh.101 folgte und ab 1930 durch Austro-Daimler-Triebwagen teilweise ersetzt wurden. Der Siegeszug der Reihe U fand auf der Murtalbahn seinen Ausgang. Zwei U und die dem Club 760 gehörende Bh.1 werden für die Museumszüge vorgehalten. Letztere ist seit 1976 als Leihgabe im Einsatz. Die Züge verkehren während der Sommermonate zwischen Murau und Tamsweg. Der Donnerstagszug verkehrt von Mitte Juni bis Ende September. Die Abfahrt in Murau ist um 10:15 Uhr, nach ca. 100 Minuten Fahrzeit ist der Endpunkt Tamsweg erreicht, wo die Rückreise um 13:35 Uhr angetreten wird und nach knapp 90 Minuten endet. Demgegenüber sind die Dienstagszüge als reine Nachmittagsverbindungen ausgelegt, welche von Ende Juni bis Anfang September, also während der österreichischen Schulferien, verkehren. Der bunt zusammengewürfelte Bummelzug ist an diesen Tagen von 12:50 Uhr bis 17:45 Uhr auf dem genannten Streckenstück zu sehen, die Aufenthalte in Tamsweg dauern nicht unter anderthalb Stunden.

Ein Bild zur Murtalbahn ist auf der Umschlagrückseite • www.stlb.at

EINGESETZTE DAMPFLOKOMOTIVEN

Lok	Baujahr	Achsfolge	Hersteller	Bemerkung
Bh.1	1905	C 1 h2t	Krauss Linz	ex ÖBB 398.01
U.11	1894	C 1' n2t	Krauss Linz	ex StLB U.11
U.40	1908	C 1' n2t	Krauss Linz	ex StLB U.40

67 GERETTET: DIE TAURACHTALBAHN

Der Club 760 – Verein der Freunde der Murtalbahn kümmert sich zum einen um die Murtalbahn. Er hat aber auch zum Ziel die Taurachtalbahn zwischen Tamsweg und Mauterndorf zu erhalten.

Das reguläre Zugangebot im Streckenabschnitt Tamsweg – Mauterndorf wurde nur mäßig angenommen. Der planmäßige Personenverkehr ist seit dem 31. März 1973 eingestellt und mit 1. September 1981 erfolgte die Einstellung des Gesamtverkehres. Um die Strecke zu retten, gründete der Club 760 die Taurachbahn GmbH. Die neue Betreibergesellschaft pachtet die Strecke seit dem 1. April 1982 und führt nach Sanierungsarbeiten darauf den Museumsbetrieb zwischen Mauterndorf und der neu errichteten Haltestelle St. Andrä-Andelwirt durch. Betrieblich gesehen ist diese Haltestelle durchaus interessant, denn nach dem Aussteigen der Fahrgäste fährt der Nostalgiezug bis zur einseitigen Ausweiche am Ortsende. Die Dampflok wird abgehängt und fährt in das Ausweichgleis. Die Wagengarnitur rollt talwärts bis kurz nach dieser Weichenverbindung, wo sich die Dampflok an das andere Zugende setzt.

Große Anzahl an Lokomotiven

Der Fuhrpark der Taurachtalbahn ist beachtlich, folgende Dampflokomotiven sind zur Zeit betriebsfähig: Die 298.56 als Vertreterin der Reihe U, die 1982 von der stillgelegten Steyrtalbahn übernommen wurde und seit Juli 1989 nach erfolgter Hauptuntersuchung eingesetzt wird. Die weinrot lackierte 699.01 ist die leistungsstärkste Lokomotive. Sie war eine Heeresfeld-Lokomotive der Deutschen Wehrmacht und ist nach dem Zweiten Weltkrieg in Österreich verblieben. Die Lok war auf verschiedenen ÖBB-Strecken im Einsatz und befindet

EINGESETZTE DAMPFLOKOMOTIVEN

Lok	Baujahr	Achsfolge	Hersteller	Bemerkung
SKGLB 12	1906	C 1' n2t	Krauss Linz	
StLB 6	1893	C h2t	Krauss Linz	„Thörl"
298.56	1900	C 1' n2t	Floridsdorf	ex ÖBB 298.56
699.01	1944	D h2	Franco Belge	ex KDL 11/ex ÖBB 699.01

Höhepunkt des Zwei-Zugbetriebes im Lungau – der letzte Dampfzug wird mit zwei Loks bespannt, die 298.56 und die SGKLB 12 fahren am 26. Juli 2015 nach Mauterndorf.

sich seit 1973 im Eigentum des Club, zehn Jahre später kam sie nach Mauterndorf. Die SKGLB 12 ist eine Tenderlokomotive der früheren Salzkammergut-Lokalbahn, zehn Loks dieses Type waren gebaut worden. Nachdem die SKGLB 12 den letzten Personenzug von Salzburg nach Gilgen zog, wurde die Lok 1958 von der Landesbahn gekauft und zunächst auf der Feistritztalbahn eingesetzt und gelangte nach verschiedenen Stationen 2003 in den Lungau. Als letzte Vertreterin ist noch die Lok 6 der Steiermärkischen Landesbahnen (StLB) zu nennen, die zur Grundausstattung der Strecke Kapfenberg – Seebach – Au/Seewiesen (Thörlerbahn) gehörte und die der Club 760 im Jahre 1972 für seine Fahrzeugsammlung erworben hat. Sie ist seit Pfingsten 1995 wieder einsatzfähig. Für die Bummelzüge an den Wochenenden wird eine dieser Dampfloks eingesetzt. Die Betriebssaison beginnt ca. Mitte Juni und endet Ende September, wobei in der Vor- (Juni) und Nachsaison (September) nur der Nachmittagszug gefahren wird. Im Hochsommer (Juli und August) verkehren einerseits zwei Bummelzüge, anderseits wird das Angebot um einen nachmittägliches Zugpaar an Freitagen erweitert. Einmal im Jahr wird am letzten bzw. vorletzten Wochenende im Juli ein Zwei-Zugbetrieb angeboten, wobei die letzte Zugleistung eine Dampflok-Doppeltraktion vorsieht.

www.club760.at

68 DIE ÄLTESTE – DIE GURKTALBAHN

Im südlichen Bundesland Kärnten entstanden gegen Ende des 19. Jahrhunderts zwei bedeutende Schmalspurbahnen in der bosnischen Spurweite: die Vellachtalbahn und die Gurktalbahn. Die Vellachtalbahn von Kühnsdorf nach Eisenkappel wurde 1971 eingestellt. Besser erging es der Gurktalbahn.

Für den Erhalt der Strecke war der im Jahr 1969 gegründete Verein der Kärntner Eisenbahnfreunde maßgeblich verantwortlich, indem das noch existierende Streckenstück der Nachwelt gerettet und darauf ab dem 1. Juni 1974 der erste Museumsbetrieb Österreichs aufgezogen wurde. Die Museumsbahn befindet sich einige Kilometer südlich der Burgenstadt Friesach und ist in ihrer technischen Eigenart bedeutend und durch drei Besonderheiten geprägt: Sie ist mit 3,3 Kilometer Länge die kürzeste Museumsbahn in Österreich, sie befährt seit 1992 auf einem kurzen Stück ein Dreischienengleis, und ihr betriebliches Zentrum liegt nicht am einstigen Ausgangspunkt im Bahnhof Treibach-Althofen, sondern am anderen Streckenende, dem früheren Haltepunkt Pöckstein-Zwischenwässern. In dem zweiständigen Heizhaus werden bis zu vier Dampflokomotiven untergebracht.

Wieder einmal Stern & Hafferl

Die Firma Stern & Hafferl erhielt im Dezember 1897 den Auftrag zur einst 28,9 Kilometer langen Strecke, wiewohl sich die Gurktalbahn AG erst am 10. Mai 1898 formierte, und die Strecke am 9. Oktober selben Jahres eingeweiht wurde. Am 1. Januar 1932 erfolgte die Verstaatlichung, von der BBÖ ging es über die Deutsche Reichsbahn zur ÖBB. Das Auto wurde sowieso zur Kon-

EINGESETZTE DAMPFLOKOMOTIVEN

Lok	Baujahr	Achsfolge	Hersteller	Bemerkung
699.101	1944	D h2t	Franco Belge	ex ÖBB 699.101
898.01	1941	C n2t	Henschel	ex ÖBB 898.01
Christl	1916	B n2t	Hanomag	ex VEW Judenburg
Böhler 13	1941	B n2t	Krauss München	ex Böhlerwerk

kurrenz der früheren Lokalbahn, sodass nach der Entgleisung eines Personenzuges am 5. Juni 1968 die Stilllegungsbestrebungen forciert wurden. Es folgte die Einstellung der Personenverkehrs im Gurktal und die Abtragung der Anlagen zwischen Klein Glödnitz und Gurk. Endgültig Schluss war dann 1972.

Bei Betriebsbeginn 1898 wurden drei Dampflokomotiven von Krauss in Linz beschafft. Diese eigens beschafften Tenderlokomotiven wurden als Reihe T (T = Treibach-Althofen, ÖBB-Reihe 198) geführt. Diesellokmotiven (ÖBB-Reihe 2091) kamen ab 1940 dorthin und waren bis zur Einstellung im Einsatz. Während der ÖBB-Ära waren auf der Gurktalbahn auch Lokomotiven der Reihe U (298), der Steyrtalbahn-Reihe 298.100 und die Reihe 199 anzutreffen. Die heutige Museumsbahn steht im Eigentum des Vereines, welcher übrigens eine beachtliche Fahrzeugsammlung mit teilweisen historischen Bezug besitzt, man nennt u. a. acht Dampflokomotiven sein Eigen. Einige davon sowie alle Personen- und Güterwagen wurden von den ÖBB übernommen. Die derzeit betriebsfähigen Lokomotiven sind in der Tabelle aufgelistet. Der Museumsbetrieb findet alljährlich von Anfang Juli bis Ende September an Sonn- und Feiertagen statt, wobei bis zu drei Zugpaare zwischen 11:30 und 16:35 Uhr verkehren. Am ersten Sonntag im August findet der einmalige Dampftag im Jahr statt, an welchem mehrere Lokomotiven angeheizt werden. Abschließend sei erwähnt, dass die Gurktalbahn die einzige Museumsbahn in Österreich ist, die ihre Dampflokomotiven mit Holz beheizt und zudem alle Loks abwechselnd eingesetzt werden.

www.gurkthalbahn.at

Die ehemalige Böhler Lok 13 erreicht auf der kürzesten Museumsbahn Österreichs mit dem wohl kürzestens Museumszug Österreichs den südlichen Endpunkt Treibach-Althofen.

69 FERLACHER DAMPFZUG

Der Rosentaler Dampfzug ist ein Teil eines in Südkärnten ganz besonders etablierten Ausflugs- und Kulturangebotes, wofür sich der seit 1990 existierende Verein Nostalgiebahnen in Kärnten (NBiK) verantwortlich zeigt.

Das touristische Angebot beschränkt sich nicht allein auf die Dampfbummelzüge zwischen Weizelsdorf und Ferlach, als weitere Higlights bzw. als Rahmenprogramm zum Dampfbummelzug bietet es sich an, in einen der zahlreich verkehrenden Oldtimerbusse in Ferlach oder in die Straßenbahnlinie zwischen Ferlach und dem äußerst besuchenswerten Technikmuseum Historama einzusteigen. Auf mehr als 2200 Quadratmetern werden zahlreiche technikgeschichtliche Exponate zum Thema Eisenbahn, Straßen- und Flugverkehr sowie industrielle Sammelstücke präsentiert. Neben dem „Rosentaler" bietet der Verein weitere Sonderzugleistungen mit eigenen Rollmaterial vor Ort an. Für diese Fahrten stehen vereinseigene Fahrzeuge wie die 93.1332 zur Verfügung. Die Fahrten werden auf einer früheren Kohlenbahn abgewickelt, die in einem halben Jahr ab dem 1. Juni 1906 errichtet wurde. Der planmäßige Personenzugverkehr wurde mit 5. Dezember 1906 auf der gut sechs Kilometer langen Strecke aufgenommen, die von der KkStB betrieben wurde.

Heizhaus aus der Gründerzeit

Es standen zunächst Dampflokomotiven der Reihe 88 sowie verschiedene Wagen zur Verfügung, im weiteren Verlauf der Betriebsgeschichte kamen auch größere Dampfloktypen der Reihen 59, 178, 29, 229, 378, 360, 57 und 86 sowie 52 zum Einsatz und wurden danach durch die ÖBB-Diesellokreihe 2043 abgelöst. Der Verkehr endete 1997, nachdem die ÖBB die Bedienung mit Güterzügen einstellte. An den Wochenenden etablierte sich der Rosentaler Dampfbummelzug. Das betriebliche Herz stellt das aus der Gründerzeit stammende Heizhaus in Weizelsdorf dar, das Platz für die beiden Dampflokomotiven bietet. Als erste ist die 93.1332 – eine 700 PS starke 1'D1'-Tenderlokomotive mit Zweizylinder-Heißdampftriebwerk – zu nennen. Die gesamte Serie wurde zwischen 1927 und 1931 von den BBÖ als 378.01 bis 167 beschafft und etablierte sich als die Nebenbahnlokomotive schlechthin. Die 93.1332 ist übrigens für das ÖBB-Streckennetz zugelassen. Als zweite betriebsfähige Dampflokomotive

Die bullig wirkende 88.103 bespannt regulär die Rosentaler Dampfzüge und passiert dabei am 8. August 2015 das Einfahrvorsignal von Weizelsdorf.

ist die 88.103 als Stammlokomotive zu nennen, die schon durch den sehr hochliegenden Kessel und der gedrungenen Bauform auffällt. Die Lok hat eine Leistung von 250 PS und befördert die Dampfzüge mit 40 km/h. Der Verein kaufte die Lok 1991 von der ÖGEG. Seit 1994 ist die eigenwillige Konstruktion, die der Kriegsbauart KDL 8 entsprach, im regelmäßigen Einsatz zu sehen. Der Fahrbetrieb erstreckt sich auf Samstage und Sonntage während der Schulferien in Österreich, das heißt in der Regel vom Anfang Juli bis Mitte September. Die drei angebotenen Zugpaare verkehren in der Zeit zwischen 11:00 Uhr und 18:15 Uhr, wobei auf der Hinfahrt für die Reisenden in der eigens geschaffenen Haltestelle Carnica eine Foto- und Scheinanfahrt angeboten wird. Darüberhinaus verkehren noch eigene Nikolaus- und Weihnachtszüge im Dezember. Abschließend sei noch die Dampfstraßenbahnlok „Adele" aus dem Jahr 1888 erwähnt. Diese ist in Ferlach hinterstellt. Ihr Einsatz ist auf wenige Fahrtage beschränkt, und es ist möglich, sie für private Fahrten anzumieten.

www.nostalgiebahn.at

EINGESETZTE DAMPFLOKOMOTIVEN

Lok	Baujahr	Achsfolge	Hersteller	Bemerkung
88.103	1941	B n2t	WLF	ex Stahlwerk Ternitz SBS 03
93.1332	1927	1' D 1' h2t	Floridsdorf	ex ÖBB 93.1332

Die Schweiz

70 SCHINZNACHER BAUMSCHULBAHN

Unter allen Schmalspurbahnen in der Eidgenossenschaft stellt die Baumschulbahn in Schinznach eine absolute Besonderheit dar. Sie ist ein perfektes Familienausflugsziel mit angeschlossenem Gastronomiebetrieb und Kinderspielplatz.

Sie ist die einzige Schweizer Ausflugsbahn mit lediglich 600 mm Spurweite, die mit Dampfloks befahren wird. Die drei Kilometer lange Baumschulbahn mit den beiden Bahnhöfen verläuft quer durch den Baumschulpark mit seiner Gesamtfläche von 25.000 Quadratmetern. Im frei zugänglichen Park sind mehr als 12 Kilometer Wanderwege angelegt, die von der Schmalspurbahn gekreuzt werden.

Der Betrieb wird durch den Verein Schinznacher Baumschulbahn abgewickelt. Das Ziel des Vereins ist es, den Betrieb und den Unterhalt dieser für die Schweiz so einzigartigen Kleinbahn sicherzustellen. Die Tätigkeiten des Vereins finden ehrenamtlich statt und dienen auch dazu, sämtliche Fahrzeuge durch gründliche Revisionen, fachmännische Betreuung und Pflege für den dauerhaften Betrieb zu erhalten und sich den sonstigen Anlagen wie Signalen, Stellwerk und dergleichen zu widmen. Hierfür steht dem Verein eine eigene, gut ausgestattete Betriebswerkstätte als Anbau zu den Firmenräumen des Eigentümers bereit, wo auch der Fuhrpark in einer mehrständigen „Garage“ sicher abgestellt wird. Insgesamt stehen acht verschiedene Dampfloktypen sowie sechs Diesellokomotiven und zwölf Personen- sowie drei Güterwagen zur Verfügung. Absolut sehenswert sind jedenfalls die Dampfloks, die allesamt Namen tragen. Die beiden zuerst genannten Loks gehören seit 1977 der Zulauf AG: Die „Taxus“ und die erst seit 2011 regelmäßig eingesetzte „Pinus“. Die „Sequoia“ kam ein Jahr später nach Schinz-

EINGESETZTE DAMPFLOKOMOTIVEN

Lok	Baujahr	Achsfolge	Hersteller	Bemerkung
TAXUS	1917	D n2t	Krauss München	ex DR 99.3311
PINUS	1937	B n2t	Henschel	ex Kies- und Schotterwerke Nordmark
SEQUOIA	1944	C n2	MBA Babelsberg	ex PKP Ty 3-194
EMMA	1925	B n2t	J. A. Maffei	ex Bauzuglok
MOLLY	1944	B n2t	SLM	Leihgabe Schuljugend Turgi

nach und war ursprünglich bei der Deutschen Verwaltung der Zuckerfabrik-Betriebs-GmbH in Zichenau bzw. nach dem Krieg auf der 46 Kilometer langen PKP-Strecke Witaszyce – Zagòròw in Einsatz. Die Lok „Emma" – eine 1925 gebaute Bauzuglok – ist seit 1992 in Schinznach und wurde 1998 vom Verein erworben. Die „Molly" stellt eine Leihgabe von der Schuljugend Turgi dar. Beide Vereinslokomotiven „Lukas" und „Antracita" sind als nicht betriebsfähige Exponate vorhanden und befinden sich derzeit in Revision. Der Betrieb der Baumschulbahn beschränkt sich auf die warme Sommerzeit zwischen ungefähr Mitte April bis Mitte Oktober. Der Fahrbetrieb findet am Wochenende (Sams- und Sonntag) in der Zeit zwischen 13:00 Uhr und 17:00 Uhr im Halb-Stundentakt (sonntags erst ab 13:30 Uhr) statt, wobei der Betrieb am Oster- und Pfingstsonntag sowie am eidgenössischen Bus- und Bettag eingestellt bleibt. Der Fahrbetrieb ab der Saison 2016 wird mit den Lokomotiven „Taxus", „Molly", „Emma", „Sequoia" und „Lukas" abgewickelt, währenddessen die am Mittwoch angebotenen Dieselzüge je nach Bedarf am Nachmittag verkehren.

www.schbb.ch

Auf dem Netz der SchBB stehen gleich drei Züge mit unterschiedlichen Loks parat: „Taxus", „Molly" und „Sequoia" warten auf ihre nächsten Rundfahrten auf der Baumschulbahn.

71 ROSA-DAMPFZUG

Am Südufer des schönen Bodensees befindet sich die Zahnradbahn Rorschach – Heiden (RHB), die seit 2006 ein Teilbetrieb der Appenzellerbahn (AB) ist. Die Bahn bringt die Fahrgäste 400 Meter nach oben.

Der Bau der Stichbahn nach Heiden geht auf die 1870er-Jahre zurück. Da die ursprüngliche Ausführung als 14 Kilometer lange Adhäsionsstrecke finanziell nicht tragbar war, wurde das Projekt unter Hinzuziehung von Niklaus Riggenbach in eine kombinierte Strecke mit Adhäsions- und Zahnradbahn nach seinem System verwirklicht. Der Bau wurde 1874 begonnen, nach Verzögerungen fand im September 1875 die Eröffnung statt. Die Streckenlänge der RHB beträgt an die 5,6 Kilometer, wobei die ersten Meter sowie der weitere Abschnitt auf dem SBB-Gleis ohne Zahnradantrieb bewältigt wird. Die gesamte Fahrtlänge beträgt 7,1 Kilometer. Für den Betrieb der Bahnlinie in der landschaftlich reizvollen Bodenseeregion wurden Dampflokomotiven beschafft. 1907 wurde erstmals die Elektrifizierung der Strecke angeregt, ab 1930 wurde die Bahnlinie mit dem SBB-Fahrleitungssystem mit 15 kV/16,7 Hz Wechselstrom elektrifiziert. Um in der vom Tourismus und Landwirtschaft geprägten Region weiterhin einen Dampfbetrieb am Leben zu erhalten und auch in der Ostschweiz einen solchen zumindest saisonal anzubieten, trat der Verein Eurovapor aus Sulgen auf den Plan. Der Verein wurde 1962 in Basel gegründet und macht sich zum Ziel, vom Abbau bedrohte Bahnstrecken, die Dampftraktion, deren Dokumentationen und mögliche Erhaltung zu fördern. So sammelt man verschiedenartigste Fahrzeuge, die laufend bei Sonderfahrten im In- und Ausland eingesetzt werden. Und man engagiert sich bei musealen Dampfbetrieben.

Die Rorschach-Heiden-Bahn wird von der Lokremise Sulgen aus betreut. Dort befindet sich die Dampflok Nr. 3 „Rosa". Die Eh 2/2 „Rosa" wurde 1951 von der Schweizerischen Lokomotiv- und Maschinenfabrik (SLM) als letzte Dampflok für die Industrie an die Maschinenfabrik Rüti AG geliefert. Die Lok wurde dort auf einer 1000 Meter langen Rampe mit dem Zahnstangenbetrieb Riggenbach zwischen der Maschinenfabrik und dem Bahnhof Rüti (ZH) eingesetzt. Sie ist eine normalspurige Zahnraddampflokomotive und gelangte 1997 mangels Bedarf als Werklok zur Eurovapor, wobei dem neuen Eigentümer der 30 Tonnen schweren und 7,5 Meter langen Lok die betriebfähige Erhaltung auferlegt wurde. Als Einsatzgebiet bot sich die Strecke ins Appenzeller Land an, zumal die Lok unweit des Einsatzortes in Sulgen beheimatet ist. Hier kann die Lok, die eine Höchstgeschwindigkeit von gemächlichen 20 km/h hat, mit ihren 8 km/h gemütlich den Steilstreckenabschnitt befahren. Die Dampflok „Rosa“ schlängelt sich von der Hafenstadt Rorschach im Kanton St. Gallen an blühenden Wiesen und hügeligen Gelände in das Appenzeller Land über dem Bodensee empor und überwindet dabei einen Höhenunterschied von fast 400 Meter Für den Fahrgasteinsatz dienen eigens durch die RHB beschaffte Sommerwagen aus der Gründerzeit, von denen noch fünf kurze, zweiachsige Wagen existieren. Die rot/beige lackierten Personenwagen fallen insbesondere durch ihre offenen Fensteröffnungen auf und erlauben den Reisenden einen ungestörten Ausblick auf die herrliche Natur. Der Dampfzug ROSA verkehrt mehrmals im Jahr und zwar jeweils am ersten Sonntag in den Monaten Mai bis Oktober, wobei an diesen Tagen jeweils zwei Zugpaare zwischen 10:38 Uhr und 15:35 zwischen Rorschach-Hafen und Heiden angeboten werden.

www.eurovapor.ch/eurovapor/fahrtenallgmein/Rosa
www.lokremise-sulgen.ch/rosa

Am 6. September 2009 schiebt ROSA zwischen Sandbüchel und Wartensee oberhalb von Rorschacherberg den Zug bergwärts.

72 BRIENZ-ROTHORN-BAHN

Am Ostufer des Brienzersee im Berner Oberland und unweit der heute existierenden Zentralbahn (SBB-Schmalspurstrecke zwischen Interlaken und Luzern) entstand in Brienz eine weitere Zahnradbahn, und zwar die am 1892 eröffnete und 7,6 Kilometer lange Strecke auf den 2350 Meter hohen Brienzer Rothorn.

Diese Zahnradbahn, die damals die höchstgelegene Bergstation der Welt hatte, wurde in der Blütezeit dieses Verkehrssystems gebaut und stand in Konkurrenz zu weiteren derartigen Bahnen, zumal ein Jahr später die Schynige Platte-Bahn und 1898 die Jungfraubahn eröffnet wurden, deren Attraktion ungemein größer war. Das brachte die Brienz-Rothorn-Bahn in finanzielle Schwierigkeiten, mit dem Ausbruch des Ersten Weltkrieges erfolgte 1914 die Betriebseinstellung. Da sich die Strecke zu Beginn der 1930er-Jahre noch in einem guten Zustand befand, wurde das Wagnis einer Wiedereröffnung im Jahr 1931 eingegangen. Die damaligen Geldgeber entschieden sich dabei, strikt gegen eine Elektrifizierung der Zahnradbahn aufzutreten, um sich von Konkurrenten abzugrenzen. Man setzte daher vollends auf den Einsatz von Dampflokomotiven, um hier mit einer besonderen Attraktion aufwarten zu können. Für den Betrieb auf der ca. 7,6 Kilometer langen Zahnradbahn nach dem System Abt wurden bereits zur Gründerzeit 1891 fünf Dampflokomotiven von SLM beschafft und als H 2/3 Nr. 1 bis 5 eingereiht, die erste Lok wurde 1961 verschrottet und durch eine baugleiche Lokomotive der Zahnradbahn Glion – Rochers-de-Naye (GN, Lok 4, zuvor bei der Monte Generoso-Bahn (MG, Lok 7)) ersetzt. Die

EINGESETZTE DAMPFLOKOMOTIVEN

Lok	Baujahr	Achsfolge	Hersteller	Bemerkung
5	1891	2 zz 1'	SLM	
12	1992	2 zz 1'	SLM	Kanton BERN, Neubau, Dampfdiesellok
14 – 15	1996	2 zz 1'	SLM	Gemeinde BRIENZ bzw. Stadt KANAYA, Neubau, Dampfdiesellok
16	1992	2 zz 1'	SLM	ex Montreux-Glion-Rochers-de-Naye-Bahn (MGN)

Gute Aussicht ist garantiert, wenn die Zahradbahn klettert …

anderen vier Loks sind konserviert hinterstellt oder werden heute noch im historischen Dampfzugverkehr einsetzt. Die Wiedereröffnung der Zahnradbahn in der Zwischenkriegszeit führte zum Nachbau je einer weiteren Heißdampflokomotive H 2/3 als Lok 6 im Jahr 1933 und als Lok 7 drei Jahre später. Mit diesen Lokomotiven wurden lange Zeit die Ausflugs- und Touristenverkehre auf das Rothorn abgewickelt, ehe in den 1970er-Jahren vier dieselhydrostatische Lokomotiven in Betrieb genommen wurden. Als Neuzugang sind die zwischen 1992 und 1996 drei beschafften Neubau-„Dampflokomotiven" von SLM zu erwähnen. Dieser Lokomotivtyp sieht zwar wie eine Dampflokomotive aus, wird aber mit Dieselöl gefeuert. Im Eigentum der BRB befindet sich noch die Lok 16, die ebenfalls 1992 von SLM gebaut wurde.

Die Betriebssaison erstreckt sich auf die Monate Mai bis Oktober mit einem reinen Sommerbetrieb, wobei die BRB einen Vor- und Hauptsaisonsfahrplan anbietet. Hier ist zur Orientierung auf die Homepage der Bahn zu verweisen. Die BRB bietet in Ihrem Fahrtenprogramm noch etwas Spezielles an, und zwar den Dampfwürstlibummler. Dieser verkehrt mittwochs ab Mitte Juni. Der Reisende erhält gegen Aufpreis eine Jause der besonderen Art, eine im Dampfkessel gekochte Wurst und das Zahnstangenbrot werden ab der Mittelstation gereicht.

www.brienz-rothorn-bahn.ch

73 DAMPFFREUNDE RHB

Hinter den Schlagworten „Die kleine Rote" oder „Bündner Staatsbahn" verbirgt sich die weltbekannte Rhätische Bahn (RhB).

Die Vorläufergesellschaften der RhB erschlossen sehr frühzeitig den Kanton Graubünden in der Ostschweiz, in deren Netz sich heute wichtige Haupttransversalen befinden. Das Streckennetz der RhB besteht aus folgenden Verbindungen: Landquart – Davos – Filisur (eröffnet 1889/90 und 1909), Landquart – Chur – Thusis (1896), die Albulabahn von Thusis via Tiefencastel, Filisur, Samedan nach St. Moritz (1903/04), von Reichenau-Tamins nach Disentis/Mustér (1904/1912) mit Anschluss zur früheren Furka-Oberalp-Bahn und heutigen Matterhorn-Gotthard-Bahn (MGB), von Pontresina nach Samedan (1908), die Berninapaß-Strecke St. Moritz – Tirano im Jahr 1910 sowie die Strecke von Bever nach Scoul-Tarasp 1913. Der Betrieb der Strecken, die als richtige Alpenbahnen zu klassifizieren sind, wurde zunächst mit verschiedenen Dampflokomotiven abgewickelt und erwies sich nicht gerade als effizient. Bevor das Stammnetz fertiggestellt war, entschied sich die Rhätische Bahn zur Elektrifizierung ihres Streckennetzes, welche von 1913 bis 1922 von den Bergstrecken talabwärts erfolgte. Einige der vorher eingesetzten Dampflokomotiven sind der Nachwelt erhalten blieben und werden heute vom Verein Dampffreunde der RhB betreut. Beispielsweise wäre die G 3/4 Lok 1 „Rhätia" aus dem Jahr 1889 zu nennen. Sie ist die älteste Lok der RhB und ist derzeit zur Ausbesserung abgestellt. Die Rhätische Bahn nahm ab 1904 insgesamt 29 Lokomotiven Loktyps G4/5 in mehreren Baulosen in Betrieb, wobei die Lokomotiven je nach Erfordernissen auch weiterentwickelt und verbessert wurden. Mit der Umstellung auf den elektrischen Betrieb sind einige Lokomotiven ins Ausland verkauft worden oder wurden auf einen Denkmalsockel gestellt. Im Eigentum der RhB verblieben nur mehr die Lok G 4/5 107 „Albula", die

EINGESETZTE DAMPFLOKOMOTIVEN

Lok	Baujahr	Achsfolge	Hersteller	Bemerkung
107/Albula	1906	1' D h2	SLM	
108/Engiadina	1906	1' D h2	SLM	

Der Verein Dampffreunde RhB bietet auch Winterfahrten auf dem Netz der „kleinen Roten" an.

heute in Landquart stationiert ist, und die Lok G 4/5 108 „Engiadina", welche sich in Samedan befindet. Beide Lokomotiven gehören fest zum Nostalgiepool der RhB und wurden bisher bei verschiedenen Jubiläen entweder einzeln oder in Doppeltraktion eingesetzt. Der Museumsdampf ist heutzutage ein fester Bestandteil im Mobilitätsangebot der Rhätischen Bahn, für dessen Durchführung der Dampfverein RhB zuständig ist. Der Verein bietet alljährlich mehrere Nostalgiefahrten mit historischen Triebfahrzeugen an, wozu die Krokodile der Ge 6/6 I ebenso dazugehören wie die beiden G 4/5 oder die derzeit abgestellte „Rhätia". Der Verein wickelt pro Jahr ungefähr zehn verschiedene Sonderfahrten ab, die entweder den Charakter einer Erlebnisfahrt haben oder zu besonderen Anlässen (Muttertagsfahrt) oder Streckenjubiläen eingesetzt werden. Die Fahrten werden rechtzeitig durch den Verein angekündigt und bestehen in der Regel aus den beiden, mehr als 100 Jahre alten G 4/5, die gelegentlich sogar in Doppeltraktion verkehren. Absolut erfreulich ist, dass bei diesen Dampfzügen auch passendes Rollmaterial eingesetzt wird, was den historischen Flair auf der durchgehend elektrifizierten Meterspurbahn zusätzlich erhöht. Zudem veranstalten die RhB zweimal jährlich (Jänner und Februar) auch Dampfschneeschleuderfahrten am Berninapass.

www.dampfvereinrhb.ch, www.rhb.ch

74 RIGI BAHNEN

In der Zentralschweiz erhebt sich zwischen den Ufern des Vierwaldstättersees, dem Zugersee und dem Lauerzersee ein knapp 1800 m hohes Bergmassiv namens Rigi – und die Bahn fährt hin!

Die Rigi ist ein schon im 18. Jahrhundert bekanntes Ausflugs- und Ferienparadies mit vielen Wandermöglichkeiten in der Schweiz. Die Rigi gilt in der Schweiz als die Königin der Berge, sein Panorama ist einzigartig. Von daher erklärt sich auch, weshalb gleich zwei konkurrierende Eisenbahngesellschaften diesen Ausflugsberg mit einer Zahnradbahn erschlossen haben.

Die Geschichte der Schweizer Zahnradbahnen reicht in das Jahr 1869 zurück, also in jenes Jahr, in dem am 3. Juli die erste Zahnradbahn der Welt eröffnet wurde und den 1917 Meter hohen Mount Washington im US-Bundesstaat New Hampshire erklomm. Es war Niklaus Riggenbach, der noch im selben Jahr die Konzession zum Bau und Betrieb „seiner" Zahnradbahn von Vitznau auf die Rigi bekam. Die Errichtung dauerte ganze zwei Jahre, und bereits am 21. Mai 1871 dampften die Eröffnungszüge der Vitznau-Rigi-Bahn (VRB) in der Schweiz. Die Bergspitze wurde allerdings erst 1873 erreicht, seit 1937 ist die Bahnlinie elektrifiziert. Der Start der knapp sieben Kilometer langen VRB war der Startschuss für weitere Bahnen in ganz Europa und lösten damit einen Bergbahnen-Boom im auslaufenden 19. Jahrhundert aus.

Die zweite Erschließung der Rigi erfolgte von Arth-Goldau aus. Die knapp 8,6 Kilometer lange Konkurrenzlinie startete in Arth-Goldau an der Gotthardbahn, wies Steigungen von maximal 201 Promille auf und verlief entlang der südlichen Bergflanken ebenso auf Aussichtsberg hinauf, wobei sie bei Rigi-Staffel auf die konkurrierende VRB traf und dann parallel zur Bergstation verlief. Die Arth-Rigi-Bahn (ARB) wurde am 4. Juni 1875 eröffnet, 1907 erfolgte die Umrüstung als erste, normalspurige Zahnradbahn der Welt mit elektri-

EINGESETZTE DAMPFLOKOMOTIVEN

Lok	Baujahr	Achsfolge	Hersteller	Bemerkung
16	1923	2 zz 1'	SLM	ex Vitznau-Rigi-Bahn
17	1925	2 zz 1'	SLM	ex Vitznau-Rigi-Bahn

Der saisonale Betrieb vieler Museumsbahnen findet in der warmen Jahreszeit statt, sodass Dampfzugfahrten im Winter heutzutage eine Seltenheit darstellen. Diese Besonderheit ist am Rigi an einigen Betriebstagen während der kürzesten Tage im Jahr zu finden.

schem Antrieb mit 1500 V Gleichstrom. 1992 wurden beide Zahnradbahnen unter das Zepter der Rigi Bahnen AG gestellt. Beide Zahnradbahnen sind mit dem Zahnstangensystem Riggenbach versehen. Während der Betrieb auf beiden Zahnradbahnen zum Beginn noch mit Dampflokomotiven erfolgte, dominierte mit der Umstellung auf den elektrischen Betrieb der Einsatz von Triebwagen. Die Geschichte der Bahnlinie wird aber weiterhin am Leben erhalten, indem von Vitznau aus noch zwei Dampflokomotiven aus den Anfangsjahren der Bahnlinie zu festgelegten Terminen in Verkehr gesetzt werden. Die Dampfzugfahrten werden in den Fahrplänen bekanntgegeben und umfassen einige Winterfahrten im Dezember sowie regelmäßige Fahrten während der Sommermonate. Für den Nostalgieverkehr am Rigi stehen nur mehr die kohlegefeuerten Dampflokomotiven Nr. 16 und 17 zur Verfügung. Darüberhinaus befinden sich in der Sammlung noch einige Nostalgietriebwagen. Lok Nr. 7 stammt aus dem Jahr 1873 und ist die einzige, noch betriebsfähige Zahnrad-Dampflokomotive mit stehendem Kessel. Das wertvolle Exponat steht heute im Eigentum des Verkehrshauses Luzern und kann dort bestaunt und bewundert werden. Für die Benützung des Dampfzuges ist ein spezieller Tarif zu zahlen.

www.rigi.ch

75 DAMPFBAHN FURKA-BERGSTRECKE

Die Schweiz besteht aus einer Vielzahl aus Nord-Süd- und West-Ost-Verbindungen, wobei einige davon mitten durch hochalpines Terrain verlaufen. Als einzige derartige Alpenverbindung zwischen West und Ost ist die meterspurige Strecke von Brig über den Furka- und Oberalppass nach Disentis/Mustér zu nennen.

Die 1926 durchgehend eröffnete Strecke ist seit 1930 auch Heimat des wohl bekanntesten und langsamsten Schnellzug der Welt, dem Glacier Express. Die Schieneninfrastruktur der Furka-Oberalp-Bahn (FO) hatte jedoch einen Nachteil, die fehlende wintersichere Querung, weshalb zwischen 1973 und 1982 ein Basistunnel durch das Furkamassiv gebaut wurde und danach die Abtragung der alten Strecke geplant war. Durch die Gründung des Vereins Furka-Bergstrecke im Jahr 1983 konnte dieses Ansinnen abgewendet werden und die alte Bergstrecke blieb mit all ihrer Kunstbauten dank der Eisenbahnfreunde erhalten, wobei der Betrieb der Strecke auch heute noch große Herausforderungen ist, wenn man etwa an das alljährliche Ein- und Ausziehen der Steffenbach-Klappbrücke denkt. 1992 erfolgte die Inbetriebnahme der alten FO-Strecke auf dem Abschnitt Realp – Tiefenbach. Am 12. August 2010 erfolgte dann die vollständige Wiederinbetriebnahme der fast 18 Kilometer langen historischen Dampf-Zahnradbahn. Für die Abwicklung des Bahnbetriebes stehen der Gesellschaft mittlerweile fünf Zahnrad-Dampflokomotiven in zwei verschiedenen Bauformen zur Verfügung, und zwar die Lok HG 2/3 Nr. 6 „Weisshorn“ und HG 2/3 Nr. 7 „Breithorn“ sowie die Typen HG 3/4 Nr. 1 „Furkahorn“, Nr. 4 und Nr. 9 „Gletschhorn“. Die Lok Nr. 7 stammt ebenfalls

EINGESETZTE DAMPFLOKOMOTIVEN

Lok	Baujahr	Achsfolge	Hersteller	Bemerkung
HG 2/3 6	1902	B 1' zz n4	SLM	ex Visp-Zermatt-Bahn, Lok Nr. 6
HG 2/3 7	1906	B 1' zz n4	SLM	ex VZ Lok Nr. 7
HG 3/4 1	1913	1' C zz h2 (h4v)	SLM	ex Brig-Furka-Disentis-Bahn HG 3/4 1
HG 3/4 4	1913	1' C zz h2 (h4v)	SLM	ex BFD HG 3/4 4
HG 3/4 9	1914	1' C zz h2 (h4v)	SLM	ex BFD HG 3/4 9

Hier wird gerade die berühmte Steffenbach-Klappbrücke überquert. Sie ist nur eine der unzähligen Kunstbauten, die diese Strecke aufwendig machen – und gleichzeitig aufregend zu bereisen.

von der VZ und ist eine Leihgabe der Matterhorn Gotthard Bahn. Die auf Leichtölfeuerung umgebaute Lok wird aber derzeit nicht eingesetzt und ist 2016 in Göschenen hinterstellt. Die HG 3/4 Nr. 1 und 9 wurden 1990 aus Vietnam zurückgeholt, wohin sie 1947 nach der Elektrifizierung der FO-Strecke veräußert worden waren. Darüber hinaus erwarb die DFB in Vietnam zwei aus einer Direktlieferung stammende HG 4/4-Lokomotiven. Beide HG 3/4 wurden im Ausbesserungswerk Meiningen (Deutschland) aufgearbeitet und stehen seit 1993 wieder im Streckendienst an der Furka. Die zunächst von der Matterhorn Gotthard Bahn leihweise zur Verfügung gestellte Lok Nr. 4 kam im Juni 2006 nach einer Hauptausbesserung wieder an den Furkapass.

Die DFB-Fahrsaison findet jeweils Freitags, Samstags und Sonntags mindestens von Mitte Juni bis Ende September statt. In der Ferienzeit im Juli und August fahren die Dampfzüge täglich. Der Zug Realp – Oberwald – Realp wird mit historischen Reisezugwagen 1. und 2. Klasse geführt. An den Wochenenden fährt jeweils ein zusätzliches Zugspaar von Realp nach Oberwald (Freitags- und Samstags-Nachmittag) sowie von Oberwald nach Realp (Samstag- und Sonntag-Vormittag). Für alle Dampfzüge muss online reserviert werden.

www.dfb.ch

76 BLONAY – CHAMBY BEIM GENFER SEE

Diese Museumsbahn ist eine der wenigen in der französisch-sprechenden Schweiz und befindet sich oberhalb des Nordufers des Genfer Sees zwischen Vevey und Montreux. Die Museumsbahn Blonay – Chamby (BC) hat zwar ihren Sitz in Lausanne, aber betrieblich gesehen ist Blonay der Mittelpunkt der seit dem 20. Juli 1968 betriebenen Museumsbahn.

Die drei Kilometer lange Museumsbahn wird heute als eigenes Eisenbahnverkehrsunternehmen geführt und benützt die Infrastruktur der Transport Montreux – Vevey – Riviera (MVR). Die Strecke wurde bis zum 22. Mai 1966 im Personenverkehr durch die Chemins de fer électriques Veveysans (CEV) betrieben und grenzt an seinen Endpunkten an noch bestehende Privatbahnen an. Blonay liegt an der CEV-Strecke Vevey – Les Pléiades, Chamby wird von der MOB-Strecke Montreux – Zweisimmen erschlossen. Die 20 Minuten lange Reise am Nordufer des Genfer Sees stellt natürlich ein wahrliches Erlebnis dar und erlaubt den Ausblick auf Teile des unter sich situierten Sees, aber auch den Ausblick auf die französischen Alpen auf der gegenüber liegenden Seeseite. Die Strecke verläuft dabei nicht nur an Wiesen vorbei, sondern es wird sogar ein imposantes Viadukt mit 80 Meter Länge und 28 Meter Höhe überfahren. Ein Erlebnis stellt das eigens in Chaulin errichtete Museum dar, wo mehr als 60 Fahrzeuge in mehreren Fahrzeughallen untergebracht sind. Hier befindet sich nicht nur die größte und älteste Meterspur-Sammlungen Europas, sondern auch das betriebliche Herzstück der Museumsbahn, indem die auf der Strecke eingesetzten Dampflokomotiven revidiert, gewartet und für den Einsatz vorbereitet werden. Zahlreiche Dampflo-

EINGESETZTE DAMPFLOKOMOTIVEN

Lok	Baujahr	Achsfolge	Hersteller	Bemerkung
HG 3/4 3	1913	1' C zz h2 (h4v)	SLM	ex BFD/FO HG 3/4 3
G 2/2 4	1900	B n2t	Krauss München	ex Ferrovie Padane
G 3/3 6	1901	C n2t	SLM	ex Brünigbahn/Jura-Simplon JS 909
G 2 x 2/2				
105	1918	B' B' n4vt	MBG Karlsruhe	ex Zell-Todtnau

komotiven und sogar eine Dampfschneeschleuder von verschiedensten Privatbahnen der Schweiz gehören zum Inventar des Museums. Allerdings sind derzeit nur einige Loks (siehe Tabelle) einsatzbereit. Dazu zählen u. a. die im Jahr 1890 gebaute G 3/3 1 von der Chemins de fer des Montagnes Neuchâteloises (CMN). Weitere Lokomotiven wurden aus dem Ausland übernommen, wie die 1882 gebaute G 2/4 7 der Tramway du Mulhouse (TM) oder jene im Jahr 1926 gebaute G 3/5 23 von der Olot-Gerona-Bahn in Katalonien/Spanien, dann die aus Deutschland stammende und 1925 gefertigte Lokomotive G 2 x 3/3 104 von Hanomag. Die jüngste Dampflok wurde 1927 gebaut und war bei der Deutschen Reichsbahn als 99 193 im Einsatz. Der Museumsbetrieb findet seit der Eröffnung von Anfang Mai bis Ende Oktober statt. An den Wochenenden verkehren die Züge nach Fahrplan (im Internet einzusehen), während unter der Woche bestellte Sonderzüge verkehren. Zu Pfingsten und am Nationalfeiertag (1. August) wird nach einem Sonderfahrplan gefahren, wobei die Hauptlast der Verkehre mit den elektrischen Zügen erfolgt. Die Dampfzüge sind jedoch im Fahrplan gekennzeichnet. Sie nehmen ihren Ausgang vom anderen Streckenendpunkt in Chamby. Ein Blick in den Fahrplan lohnt sich allemal, denn gerade die letzten Wochenenden im Monat findet vorzugsweise ein elektrischer Betrieb statt, weil die Dampflokomotiven für den eigens verkehrenden Sonderzug mit dem treffenden Namen „Riviera Belle Epoque“ benötigt werden. Diese Dampfzüge verkehren bereits ab Vevey am Ufer des Genfer Sees und fahren über Blonay nach Chamby zum Museum und zurück.

www.blonay-chamby.ch

Fahrzeugparade im Museumsareal von Chaulin, gleich fünf betriebsfähige Dampfloks stehen vor der Ausstellungshalle bereitgestellt.

77 DAMPFBAHN-VEREIN ZÜRCHER OBERLAND

Im Zürcher Oberland zwischen der Finanzmetropole Zürich und der Kantonsstadt St. Gallen befindet sich die normalspurige Museumsbahn des Dampfbahn-Verein Zürcher Oberland (DVZO).

Nachdem auf der Verbindungsstrecke Hinwil – Bauma der SBB-Strecken Zürich – Wetzikon und der Tösstalbahn der Personenverkehr auf der ehemaligen Teilstrecke von Hinwil nach Bauma der Uerikon-Bauma-Bahn (UeBB) eingestellt und mit 1. Juni 1969 versuchsweise auf Busbetrieb umgestellt wurde, hat sich eine Gruppe von Eisenbahninteressierten in den 1970er-Jahren zur Gründung des Vereins zusammengefunden. Ziel des Vereins ist es, mit historische Lokomotiven und Wagen Museumsfahrten anzubieten. Darüberhinaus konnte der Verein seit dem 6. Mai 1978 erstmals fahrplanmässige Museumsbahnfahrten auf der zuvor im Regelverkehr bedienten Strecke Hinwil – Bäretswil anbieten. Im Sommer 2000 wurde dann dieser fast sechs Kilometer lange Streckenabschnitt übernommen, da die SBB ihn nicht mehr benötigte. Da auf der Verlängerung bis Bauma seitens der SBB noch Güterverkehr stattfindet, wird dieser Streckenabschnitt durch die DFZO im Rahmen des freien Netzzuganges benützt, womit der Verein, der ein konzessioniertes Eisenbahnverkehrsunternehmen ist, entsprechende Trassengebühren zu berappen hat. Das betriebliche Zentrum der DVZO befindet sich im Bahnhof Bauma, wo eine Fahrzeugsammlung hinterstellt ist. Der Dampfzug benötigt für seine Fahrt auf der etwas mehr als elf Kilometer langen Strecke an die 40 Minuten. Es geht durch hügelige Landschaft, wobei auch imposante Bauwerke wie die 80 Meter lange Weis-

EINGESETZTE DAMPFLOKOMOTIVEN

Lok	Baujahr	Achsfolge	Hersteller	Bemerkung
Ed 3/4 2	1903	1' C	SLM	ex Chemin de fer du Jura
Ed 3/3 4	1887	C n2t	Esslingen	
E 3/3 10	1907	C n2t	SLM	ex SBB 8476
Ed 3/3 401	1901	C h2t	SLM	ex Gaswerk St. Gallen
E 3/3 8518	1913	C 2t	SLM	ex SBB 8518
Eb 3/5 5889	1910	1' C 1'	Maffei	ex BT

senbachbrücke überfahren werden. Die Fahrzeugsammlung besteht aus elektrischen wie auch dampfbetriebenen Fahrzeugen, wobei das Schwergewicht der Sammlung eindeutig bei der Dampftraktion auszumachen ist. Für die Abwicklung der Museumsverkehre stehen sechs Lokomotiven zur Verfügung, eine weitere (Ec 3/4 1) ist derzeit nicht betriebsfähig. Als Dampflokomotiven stehen zur Verfügung: Die Ed 3/4 2 „Hinwil" von der Chemin de fer du Jura; die Ed 3/3 4 „Schwyz" der ehemaligen Süd-Ost-Bahn (SOB); die E 3/3 10 als ehemalige SBB-Lok 8476 und die seit 2001 beim DFVO ist; die Ed 3/3 401 „Bauma" von der UeBB, Baujahr 1901; die E 3/3 8518 „Bäretswil", vormals SBB und Baujahr 1913 sowie die Eb 3/5 5889 von der Bodensee-Toggenburg-Bahn (BT), die dem Dampf-Loki-Club Herisau gehört. Der Dampfbetrieb auf der Stammstrecke, wie die Querverbindung Bauma – Hinwil bei der DVZO genannt wird, findet in den Monaten Mai bis Oktober statt, wobei die Betriebstage der Museumszüge im Mai vom restlichen Jahresbetrieb abweichen. Im Mai verkehren die Museumszüge am 1. und am 4. Sonntag, während zwischen Juni und Oktober jeweils der 1. und 3. Sonntag im Monat sechs Dampfzugpaare eingesetzt werden. Neben dem Betrieb auf der Stammstrecke finden alljährlich unterschiedliche Sonderzugsfahrten statt, die der Verein rechtzeitig auf seiner Homepage ankündigt.

www.dvzo.ch

Dampfzug mit Lok 4 Ed 3/3 in der Nähe von Neuthal

Winter auf der Rhätischen Bahn …

Bildnachweis

Alle Bilder auf den Seiten 2 bis 139 von Christoph Riedel, außer:
S. 10/11 UEF Lokalbahn Amstetten-Gerstetten e.v./Korbinian Fleischer; S. 13 Iver Andreas Schiller, Angelner Dampfeisenbahn; S. 14 ArGe Geesthachter Eisenbahn e.V.; S. 17 Magrit Elsner, VVM; S. 19 Stiftung Deutsche Kleinbahnen; S. 29 DEW e.V.; S. 33, 34, 35 Eisenbahnfreunde Hasetal/Thorsten Weber; S. 37 Joachim Kothe/DHEF; S. 39 Museums-Eisenbahn Minden e.V. (MEM)/Ingrid Schütte; S. 47 Markus Meinold; S. 53 SWK STADTWERKE KREFELD AG; S. 57, 58 Martin Ketelhake; S. 65 oben Manu Härter; S. 65 unten, 66 Wilfried Staub; S. 67, 68, 69 Dampfkleinbahn Bad Orb; S. 71 Foto: Fredrik von Erichsen/dpa (Picture Alliance); S. 75 Christian Schädler, S. 76, 77 Marcus Klein; S. 78 Torsten Kern; S. 79, 80 Georg Dollwet, S. 83, 84, 85, 86 Hannes Ortlieb; S. 87 Dr. Eugen Lehle – http://bodenlabor.de, CC BY-SA 3.0; S. 89, 90 UEF Lokalbahn Amstetten-Gerstetten e.v./Korbinian Fleischer; S. 92/93 Klaus Fader; S. 97 Thomas Pfefferle; S. 99, 100, 101, 102 Mathias Dersch; S. 103 3Seenbahn/J. Reiner; S. 105 Daniel Saarbourg; S. 107 Bahnbetriebe Blumberg GmbH & Co. KG „Sauschwänzlebahn"/Ulrike Klumpp; S. 109 Christian Spiller; S. 111 Frank Ludwig; S. 113 DFS/Stephan Schäff; S. 115 Fränkisches Freilandmuseum Fladungen; Thomas Köhler; S. 119 picture-alliance/ZB; S. 121 Döllnitzbahn; Ulli Brückl, Dahlen; S. 123 Ronald Meissner; S. 125 Tilo Rösner; S. 127 D. Troß, NLME; S. 131 Von Wassen - Eigenes Werk, CC BY 3.0, https://commons.wikimedia.org/w/index.php?curid=4770050; S. 133 picture-alliance / DUMONT Bildarchiv; S. 139 Hannes Ortlieb.

Alle Bilder auf den Seiten 140 bis 191 von Markus Inderst, außer:
S. 155 Dr. Werner Schiendl; S. 163 Dietmar Zehetner; S. 172/173 Rigibahn; S. 175 Peter Gysel; S. 177 Sven Klein; S. 179 Georg Trüb; S. 181 RhB/Rolf Canal, Samedan; S. 183 Rigi-Bahnen; S. 185 Urs Jossi/DFB; S. 187 Alain Candellero; S. 189 Hugo Wenger / DVZO; S. 190/191 Rhätische Bahn / Tibert Keller

Umschlag:
Vorderseite: PantherMedia/Wolfgang Dufner (99 1608 ist als Gast oft auf der Öchsle Bahn unterwegs); Rückseite: Markus Inderst (Auf der Murtalbahn); Umschlaginnenseite: Mathias Dersch (Gegenlichtaufnahme über den Schluchsee mit 58 311 am 01.01.2015)